# 甘肃外来入侵植物

## Alien Invasive Plants in Gansu

张 勇 王恩军 高海宁 李 鹏 编著

科学出版社
北京

# 内 容 简 介

本书记述了甘肃省外来入侵植物 94 种，对每种入侵植物的中文名、学名、别名、形态特征、识别要点、生物学与生态学特性、原产地与分布、入侵途径与扩散方式、生境与危害、控制措施等进行了介绍。每个入侵种还配有精美的可以展示分类学特征的图片。

本书可供从事生物入侵、生物多样性保护、生态环境治理、环境规划评估与城市园林绿化的管理者和科研工作者使用，也可为大专院校相关专业师生的学习和研究提供重要的参考。

图书在版编目（CIP）数据

甘肃外来入侵植物 / 张勇等编著. -- 北京：科学出版社，2025. 6. -- ISBN 978-7-03-082434-9

Ⅰ. S45

中国国家版本馆CIP数据核字第2025Y0Z541号

责任编辑：付　聪 / 责任校对：郑金红
责任印制：肖　兴 / 书籍设计：北京美光设计制版有限公司

科学出版社 出版
北京东黄城根北街16号
邮政编码：100717
http://www.sciencep.com

北京九天鸿程印刷有限责任公司印刷
科学出版社发行　各地新华书店经销

\*

2025年6月第　一　版　开本：787×1092  1/16
2025年6月第一次印刷　印张：9 1/2
字数：266 000

定价：160.00元

（如有印装质量问题，我社负责调换）

外来入侵植物（alien invasive plant）是指通过自然或人类活动等有意或无意地被引入到异域，通过归化，自身建立可繁殖的种群，进而影响引入地的生物多样性并对引入地的生态环境造成破坏以及产生经济影响或损失的植物。当外来入侵植物被引入一个新的生境，如果新的生境的气候和土壤条件恰好适宜其生长，外来入侵植物便会经过潜伏期和归化期的生境适应而不断繁殖、扩展，最终建立种群，占据一定的生态位，如果暴发成灾，就会对当地生物多样性、生态环境及经济发展造成极大危害。

改革开放以来，随着我国与世界各地人员、物资交流日益频繁，生物入侵造成的危害也在逐年增加，我国已成为世界上遭受外来生物入侵最为严重的国家之一。甘肃地处我国西北地区，地形条件复杂，气候多样，是黄土高原、青藏高原和内蒙古高原的交会处，由南至北具有北亚热带、暖温带、温带、寒温带等多种气候类型，为外来物种的入侵提供了广泛的环境基础。甘肃由于经济社会发展和特殊的自然地理位置，外来生物入侵特别是外来植物入侵问题日益突出，引起各方面的重视。2010～2020年，我们课题组参加了马金双研究员主持的《中国外来入侵植物志》的编研工作［上海市绿化与市容管理局（G1024011）、科技部基础专项（2014FY20400）］，对甘肃外来入侵植物进行了较为全面、详细的野外考察，掌握了大量第一手资料，本书即是在这些工作的基础上编撰完成的。

本书收录甘肃外来入侵植物的原则为：第一，原产地为国外，暂不收录原产地是我国但非甘肃地区的种类；第二，在自然的生态环境中建立了分布面积有逐渐扩大趋势的种群，并对当地生态系统、生物多样性、农林业生产造成一定危害和影响或有潜在危害和影响的种类。基于此，我们在野外考察的基础上，结合查阅标本、志书及研究报告，共确定甘肃入侵植物22科94种。本书科的排序采用APG Ⅳ系统，科内种按学名字母顺序排列。本书详细介绍了每种入侵植物的中文名、学名、别名、形态特征、识别要点、生物学与生态学特性、原产地与分布（在甘肃的分布列到县级行政区划）、入侵途径与扩散方式、生境与危害、控制措施等，绝大部分物种配有 3～6 幅展示分类学特征的图片。其他内容主要根据《中国外来入侵植物志》、植物科学数据中心（https://www.plantplus.cn/cn）、国家标本资源共享平台（China National Specimen Information Infrastructure，NSII）、*Flora of China*、《中国植物志》确定；在甘肃的分布根据野外考察和相关资料确定；入侵途径与扩散方式、控制措施根据相关文献确定。

在本书编撰过程中，北京师范大学刘全儒教授审阅全稿并提出宝贵的修改意见；刘全儒、何毅、王辰、潘建斌、马占仓、严靖、朱鑫鑫、车晋滇老师提供了部分图片，在此表示衷心感谢！石河子大学马占仓博士、兰州大学张永博士参与了野外考察，在此表示感谢！

本书的出版得到甘肃省河西走廊药用植物种质园科普基地、河西学院河西走廊药用植物资源保护与利用研究所、河西学院河西走廊沙产业研究中心、河西学院河西地区生物多样性保护与利用研究中心、国家自然科学基金项目"中国西北地区苍耳属入侵种和本土种对土壤生物群落的影响差异及机制"（32460262）、张掖市科技计划项目"民乐县板蓝根良种繁育关键技术研究及基地建设"（ZY2002KY01）及河西学院农业与生态工程学院的支持，在此表示衷心感谢！

由于作者水平有限，不足和疏漏之处在所难免，敬请读者批评指正。

张　勇

2024 年 12 月 12 日

# 目　录

# ≫ 禾本科 Gramineae

## 野燕麦 \ Avena fatua L.

**别名:** 乌麦、燕麦草

**形态特征:** 株高60～120cm。秆直立、单生或丛生,有2～4节。叶鞘松弛,光滑或基部被柔毛;叶舌膜质透明;叶片平展,宽条状。圆锥花序呈塔形开展,分枝轮生;小穗疏生,生2或3朵小花,梗长,向下弯;两颖近等长;外稃质地坚硬,下部散生粗毛,芒从稃体中间略下伸,长2～4cm,膝曲扭转。颖果长圆形,被浅棕色柔毛,腹面有纵沟。

**识别要点:** 草本。秆直立、单生或丛生。叶鞘光滑或基部被柔毛;叶舌膜质透明;叶片宽条状。圆锥花序呈塔形开展,分枝轮生;小穗疏生,生2或3朵小花。

**生物学与生态学特性:** 一年生草本,花果期4～9月。种子繁殖。喜温暖、喜水湿,适应性较强。

**原产地与分布:** 原产于欧洲、亚洲中部和西南部。现广布于世界温带和寒带地区。我国多数省份有分布。甘肃多数县(市、区)有分布。

**入侵途径与扩散方式:** 无意引入。随其他作物种子或鸟类异地扩散。

**生境与危害:** 生于荒芜田野、田间。为农田恶性杂草,在农田中与作物争水、争光、争肥,降低农作物的产量、品质。

**控制措施:** 剔除作物种子中的野燕麦种子;用除草剂喷雾防除。

# 扁穗雀麦 / **Bromus catharticus** Vahl

**别名：** 大扁雀麦

**形态特征：** 株高 60～120cm。须根发达。茎直立丛生，粗大扁平。叶鞘早期被柔毛，后渐脱落；叶舌膜质，长 2～3mm，有细缺刻；叶片披针形，长 20～30cm，宽 6～8mm。圆锥花序开展，疏松，长约 20cm；小穗极压扁，通常 6～12 朵小花，长 2～3cm；颖披针形，脊上具微刺毛，第二颖较第一颖长；外稃顶端裂处具小芒尖，具 11 条脉；内稃窄狭，较短小。颖果紧贴于稃内。

**识别要点：** 草本。圆锥花序开展，疏松；小穗极压扁，通常 6～12 朵两性小花；外稃无芒或仅具芒尖。

**生物学与生态学特性：** 一年生或二年生草本，花果期 4～5 月。种子繁殖。具有耐寒、耐旱、生长速度快、分蘖能力强、产量高等特点。在冬春季保持青绿状态，长势良好。

**原产地与分布：** 原产于南美洲。作为牧草被广泛引种栽培。归化于澳大利亚、新西兰、美国及亚洲温带地区。我国多数省份有分布。甘肃多数县（市、区）分布。

**入侵途径与扩散方式：** 有意引入，作为牧草在我国多地引种栽培。随引种栽培远距离传播；随其他作物种子或鸟类异地扩散。

**生境与危害：** 为农田、草地、路边杂草，也是一些作物病虫的宿主。

**控制措施：** 控制引种。入侵农田造成危害的可人工拔除和化学防除。

刘全儒 摄

# 芒颖大麦草 \ Hordeum jubatum L.

**别名：** 芒颖大麦、芒麦草

**形态特征：** 秆丛生，直立或基部稍倾斜，高 30～45cm。叶鞘下部者长于节间，中部以上者短于节间；叶舌干膜质，截平，长约 0.5mm；叶片扁平，长 6～12cm，宽 1.5～3.5mm。穗状花序柔软，绿色或稍带紫色，长约 10cm；穗轴成熟时逐节断落；三联小穗两侧者各具长约 1mm 的柄，两颖为长 5～6cm 弯软细芒状，其小花通常退化为芒状，稀为雄性；中间无柄小穗的颖长 4.5～6.5cm，细而弯；外稃披针形，具 5 脉，长 5～6mm，先端具长达 7cm 的细芒；内稃与外稃等长。

**识别要点：** 草本。穗状花序柔软，绿色或稍带紫色，长约 10cm；颖片弯软细芒状。

**生物学与生态学特性：** 一年生或越年生草本，花果期 5～8 月。种子繁殖。

**原产地与分布：** 原产于北美洲及欧亚大陆的寒温带地区。我国分布于北京、甘肃、河北、黑龙江、吉林、辽宁、江苏、内蒙古、青海、山东、山西、新疆。甘肃分布于甘州区、肃南裕固族自治县、通渭县、庆城县、崆峒区、麦积区。

**入侵途径与扩散方式：** 有意引入。逃逸后扩散。

**生境与危害：** 路旁或田野。为田间杂草。影响作物产量及生物多样性。

**控制措施：** 控制引种。本种为浅根系杂草，可采用深耕翻作的措施防控。

# 多花黑麦草　*Lolium multiflorum* Lamk.

**别名：** 意大利黑麦草

**形态特征：** 植株丛生，高 50～120cm。茎直立或基部平卧。叶鞘疏松；叶舌小或不明显，有时长可达 4mm，有时具叶耳；叶片扁平，长 10～20cm，宽 3～8mm。总状花序长 10～30cm；小穗无柄，紧密互生于穗轴两侧，每小穗有 5～11 朵小花，长 10～18mm；颖片披针形，具窄膜质边缘，长约为小穗之半，通常与第一小花等长；外稃长圆状披针形，具 5～15mm 细芒，或上部小花无芒；内稃和外稃近等长。颖果梭形。

**识别要点：** 草本。外稃长圆状披针形，具 5～15mm 细芒；内稃和外稃近等长。

**生物学与生态学特性：** 一年生、越年生或短期多年生草本，花果期 6～7 月。种子繁殖。喜温热和湿润气候，不耐严寒，耐潮湿，忌积水。喜壤土，也适宜黏壤土。落粒的种子自繁能力强。分蘖多，再生迅速。

**原产地与分布：** 原产于欧洲、非洲西北部及亚洲西南部。现广泛归化于世界亚热带、温带及热带高海拔地区。我国多数省份有引种分布。甘肃多数县（市、区）有引种。

**入侵途径与扩散方式：** 有意引入，作为牧草在我国多地引种栽培。人工引种后逃逸。

**生境与危害：** 生于农田、路边、草地。赤霉病和冠锈病之病原体的寄主。

**控制措施：** 控制引种；用除草剂化学防治。

# 黑麦草 \ Lolium perenne L.

**别名：** 宿根毒麦、英国黑麦草

**形态特征：** 株高 40～100cm。茎直立，浅绿色。叶鞘疏松；叶舌长约 2mm；叶片线形，长 5～20cm，宽 3～6mm。总状花序直立或稍弯，长 10～20cm，宽 5～10mm；小穗长 10～14mm，具 5～11 朵小花；颖披针形，短于小穗，边缘窄膜质；外稃长圆形，基盘明显，通常顶端无芒，稀上部小穗具短芒，第一外稃长约 7mm；内稃短于外稃或等长。颖果梭形。

**识别要点：** 疏丛型草本。外稃常无芒，内稃短于外稃或等长。

**生物学与生态学特性：** 多年生疏丛型草本，果期 6～7 月。种子繁殖。耐贫瘠土壤，抗逆性强。

**原产地与分布：** 原产于欧洲、非洲北部、亚洲部分地区。现广布于克什米尔地区、巴基斯坦，以及欧洲、亚洲暖温带、非洲北部。我国多数省份有分布。甘肃多数县（市、区）有引种。

**入侵途径与扩散方式：** 有意引入，随人工引种引入。逃逸后扩散。

**生境与危害：** 生于农田、路边、草地。是赤霉病和冠锈病等的病原体的寄主。

**控制措施：** 控制引种；采用人工清除和除草剂化学防治。

# 毒麦    Lolium temulentum L.

**别名：**黑麦子、闹心麦

**形态特征：**秆疏丛生，高 30～110cm。叶鞘较松弛；叶舌长 1～2mm；叶片线形，长 10～25cm，宽 4～10mm。穗状总状花序长 10～15cm，穗轴增厚，节间长 5～10cm；小穗长约 1cm，具 4～10 朵小花；颖片宽大，等长或稍长于小穗，具窄膜质边缘；外稃椭圆形至卵形，成熟时肿胀，顶端膜质透明，芒自近外稃顶端伸出，长可达 1～2cm。颖果矩圆形，长 4～7mm，为宽的 2～3 倍，成熟后肿胀，绿色稍带紫褐色。

**识别要点：**草本。秆疏丛生；叶鞘较松弛；颖片宽大，等长或稍长于小穗；外稃顶端芒长可达 1～2cm。颖果矩圆形，绿色稍带紫褐色。

**生物学与生态学特性：**一年生或越年生草本，花果期 6～7 月。种子繁殖。

**原产地与分布：**原产于地中海地区（欧洲部分）和亚洲西南部。现广布于世界温带及热带高海拔区域。我国多数省份有分布。甘肃分布于凉州区、永登县及洮河流域。

**入侵途径与扩散方式：**随作物种子无意引入。农作活动时种子携带而扩散。

**生境与危害：**常见于农田，特别是麦田。为有毒杂草。适应性强，分蘖能力强。

**控制措施：**精选种子，避免用混有毒麦的麦种播种；加强检疫，防止传播；发现后及时拔除，或通过间苗、中耕、除草、培土等措施灭除。

# 》 葡萄科 Vitaceae

## 五叶地锦 \ Parthenocissus quinquefolia (L.) Planch.

**别名：** 五叶爬山虎、爬墙虎、美国地锦

**形态特征：** 老枝灰褐色，幼枝带紫红色。卷须与叶对生，顶端吸盘大。掌状复叶，具5小叶；小叶长椭圆形至倒长卵形，先端尖，基部楔形，缘具大齿牙。聚伞花序集成圆锥状，较疏散，与叶对生，黄绿色；花瓣5，长椭圆形；雄蕊5，子房卵锥形。浆果近球形，熟时蓝黑色、被白粉；种子倒卵形，基部具短喙。

**识别要点：** 落叶木质藤本，具分枝卷须；卷须顶端有吸盘；掌状复叶；聚伞花序，与叶对生；花小，黄绿色；浆果近球形，熟时蓝黑色、被白粉。

**生物学与生态学特性：** 落叶木质藤本。花期6～8月，果期8～10月。多扦插繁殖。喜光照，喜湿润、肥沃土壤，干旱贫瘠环境也能生长。

**原产地与分布：** 原产于北美洲。现主要在北美洲及欧洲分布。我国多数省份有分布。甘肃多数县（市、区）有分布。

**入侵途径与扩散方式：** 有意引入，作为园林绿化物种栽培。人工引种后逃逸。

**生境与危害：** 生于公园、荒野、庭院、城市绿化带。对生物多样性有潜在的威胁。

**控制措施：** 严格控制引种；秋季剪除冗杂枝叶，集中焚毁。

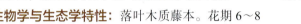

# 》 豆科 Fabaceae

## 紫穗槐 — *Amorpha fruticosa* L.

**别名：** 棉槐、紫槐

**形态特征：** 株高 1～4m，丛生。叶互生，奇数羽状复叶；小叶卵形、狭椭圆形，先端圆形，全缘，叶内有透明油腺点。总状花序密集顶生或枝端腋生，花轴密生短柔毛；萼钟形，常具油腺点；旗瓣紫红色，翼瓣、龙骨瓣均退化。荚果弯曲，短，棕褐色，密被瘤状腺点，不开裂，内含 1 粒种子；种子具光泽。

**识别要点：** 落叶灌木。总状花序密集顶生或枝端腋生，花轴密生短柔毛；旗瓣紫红色，翼瓣、龙骨瓣均退化。

**生物学与生态学特性：** 落叶灌木，花果期 5～10月。通过播种、扦插或分株等多种形式繁殖。适应性强，根系发达，生长快、耐寒、耐旱能力强，喜光照。

**原产地与分布：** 原产于北美洲。亚洲北部和东部及欧洲有分布。我国多数省份有分布。甘肃多数县（市、区）有分布。

**入侵途径与扩散方式：** 有意引入。随引种栽培逃逸扩散。

**生境与危害：** 生于荒坡、路边、河岸、盐碱地。茎叶内含芳香族化合物和单宁等物质，对其他植物有化感作用，影响区域生物多样性。

**控制措施：** 控制引种。

# 南苜蓿　Medicago polymorpha L.

**别名：** 刺苜蓿、刺荚苜蓿、黄花苜蓿、金花菜

**形态特征：** 茎匍匐或稍直立，高约30cm，基部多分枝。羽状复叶具3小叶；小叶阔倒卵形或倒心形；托叶裂刻很深。总状花序腋生，有花2～6朵；花萼筒有疏柔毛。荚果螺旋状卷曲成球形，边缘具带钩的刺；种子肾形，黄褐色。

**识别要点：** 草本。茎匍匐或稍直立；托叶裂刻很深；总状花序腋生，有花2～6朵；荚果螺旋状卷曲成球形，边缘具带钩的刺。

**生物学与生态学特性：** 一年生或二年生草本，花期4～6月，果期5～7月。种子繁殖。喜生于土壤较肥沃的路旁、荒地，较耐寒。

**原产地与分布：** 原产于非洲北部、亚洲南部、欧洲南部。现世界广布。我国多数省份有分布。甘肃分布于漳县、麦积区、庆城县、崆峒区、武都区、文县、康乐县。

**入侵途径与扩散方式：** 作为牧草有意引入。多混杂于农作物种子中传播。

**生境与危害：** 生于路旁、荒地、农田、草场。为路埂及草地杂草。逸生地及栽培园圃可发生霜霉病、苜蓿白粉病、苜蓿锈病。

**控制措施：** 严格引种；用2甲4氯、史泰隆、甲磺隆等进行化学防除。

# 紫花苜蓿 \ Medicago sativa L.

**别名：** 苜蓿、紫苜蓿

**形态特征：** 株高可达 1m，多分枝。三出复叶；小叶倒卵形或倒披针形，上部叶缘有锯齿；托叶披针形。总状花序顶生；萼齿狭披针形；花蓝紫色，花冠蝶形，比花萼长；雄蕊 9+1；心皮 1；子房被毛。荚果螺旋状卷曲 1 至数圈；种子肾形，黄褐色。

**识别要点：** 草本。小叶上部边缘有锯齿；总状花序顶生；花蓝紫色；荚果螺旋状弯曲 1 圈，多至 3 圈，无刺。

**生物学与生态学特性：** 多年生草本，花期 6~8 月，果期 8~9 月。种子繁殖。喜生于较肥沃的路旁、荒地，较耐寒。

**原产地与分布：** 原产于亚洲西部。世界各大洲有分布。我国多数省份有分布。甘肃各县（市、区）有分布。

**入侵途径与扩散方式：** 作为牧草有意引入。多混杂于农作物种子中传播。

**生境与危害：** 生于路边、草地、田边、河岸、沟谷。为常见的路埂及草地杂草。对土壤有一定的改良作用，危害不大。

**控制措施：** 控制引种；可用草甘膦、使它隆、2 甲 4 氯等进行化学防除。

# 白花草木樨 \ **Melilotus albus** Desr.

**别名：**白香草木樨、白甜草木樨

**形态特征：**茎直立，中空，多分枝，高达1m以上。羽状三出复叶互生；小叶长圆形、卵状长圆形或倒卵状长圆形，基部楔形，先端钝或圆，边缘具疏锯齿。总状花序腋生；萼钟状，5齿裂；花冠白色，较萼大，旗瓣比翼瓣长；子房无柄。荚果卵球形，灰棕色，内含种子1或2粒；种子黄褐色，肾形。

**识别要点：**草本，全株有香草气味。羽状三出复叶；小叶边缘有齿；总状花序腋生；花白色；荚果含种子1或2粒。

**生物学与生态学特性：**一年生或二年生草本，花期5～7月，果期6～8月。种子繁殖。适于湿润和半干燥气候区生长。

**原产地与分布：**原产于欧洲南部、亚洲西部。亚洲东部、南美洲、北美洲、大洋洲有分布。我国多数省份有分布。甘肃多数县（市、区）有分布。

**入侵途径与扩散方式：**作为牧草有意引入。人工引种后逃逸扩散。

**生境与危害：**生于田边、路旁、荒地、山坡等处。栽培牧草常逸为野生，分布广，种群数量大，对生物多样性有危害。

**控制措施：**控制引种；严禁将种子带入农田；可用草甘膦、史泰隆等进行化学防治。

# 草木樨　*Melilotus officinalis* Pall.

**别名：** 辟汗草、黄花草木樨

**形态特征：** 株高 60～200cm。茎直立。羽状三出复叶；小叶椭圆形或长圆形，边缘具细齿。总状花序顶生或腋生；花黄色；萼钟形，5 裂；花冠蝶形；雄蕊 9+1。荚果倒卵状椭圆形，下垂，具网纹，不开裂；种子 1 粒，黄色或黄褐色。

**识别要点：** 草本。总状花序顶生或腋生；花黄色；荚果倒卵状椭圆形；种子 1 粒，黄色或黄褐色。

**生物学与生态学特性：** 一年生或二年生草本，花期 5～7 月，果期 8～9 月。种子繁殖。喜温暖湿润或半干旱的沙地、山坡草地，抗旱、抗寒能力强。

**原产地与分布：** 原产于欧洲南部、亚洲西部。南美洲、北美洲及亚洲有分布。我国多数省份有分布。甘肃分布于甘州区、肃南裕固族自治县、山丹县、临泽县、高台县、天祝藏族自治县、靖远县、榆中县、武都区、成县、文县、舟曲县、卓尼县、迭部县、崆峒区、麦积区。

**入侵途径与扩散方式：** 作为牧草有意引入。人工引种后逃逸。

**生境与危害：** 生于沙丘、山坡、草原。种子萌发率高，根系发达，蔓生快，影响生物多样性。

**控制措施：** 控制引种；严禁将种子带入农田；可用草甘膦、史泰隆等进行化学防治。

## 刺槐 　*Robinia pseudoacacia* L.

**别名：** 槐树、洋槐

**形态特征：** 株高 10～20m。树皮灰褐色，纵裂；枝具托叶性针刺。奇数羽状复叶，互生，具 9～19 小叶；小叶片卵形或卵状长圆形，全缘。总状花序腋生；萼钟状，5 齿裂；花冠白色，芳香，花瓣基部具爪，旗瓣近圆形，先端微凹，翼瓣倒卵状长圆形，顶端圆，龙骨瓣向内弯；雄蕊 9+1；子房线状长圆形，花柱几乎弯成直角。荚果扁平，条状长圆形，二瓣裂。

**识别要点：** 落叶乔木。枝具托叶性针刺；奇数羽状复叶；总状花序腋生；花冠白色，芳香；荚果扁平，条状长圆形。

**生物学与生态学特性：** 落叶乔木，花期 5～6 月，果期 8～9 月。种子及扦插繁殖。强阳性树种，喜光。

**原产地与分布：** 原产于北美洲。现归化于南美洲、中美洲及亚洲。我国各省份有分布。甘肃多数县（市、区）有分布。

**入侵途径与扩散方式：** 作为行道树有意引入。人工引种扩散。

**生境与危害：** 生于路边、庭院、山坡。适应性强，影响本土植物多样性。

**控制措施：** 控制引种。

# 小冠花    *Securigera varia* (L.) Lassen

**别名：** 绣球小冠花

**形态特征：** 茎高 0.5～1m，多分枝。奇数羽状复叶；小叶椭圆形或长圆形。花密集排列成绣球状；苞片 2，披针形，宿存；小苞片 2，披针形，宿存；花萼膜质，萼齿短于萼管；花冠紫色、淡红色或白色，有明显紫色条纹，旗瓣近圆形，翼瓣近长圆形，龙骨瓣先端呈喙状，喙紫黑色。荚果细长，圆柱形，具 4 棱，顶端有宿存的喙状花柱，各荚节有 1 粒种子；种子长圆状倒卵形，光滑，黄褐色。

**识别要点：** 草本。奇数羽状复叶；小叶椭圆形或长圆形；花密集排列成绣球状；花冠紫色、淡红色或白色，有明显紫色条纹；荚果细长，圆柱形。

**生物学与生态学特性：** 多年生草本，花期 6～7 月，果期 8～9 月。种子与营养繁殖。根系发达，对土壤要求不严，抗寒、抗旱能力较强，适应性强。

**原产地与分布：** 原产于欧洲。现归化于加拿大、美国及中国。我国分布于北京、甘肃、陕西、吉林、辽宁、江苏、新疆。甘肃分布于甘州区、麦积区、崆峒区、庆城县。

**入侵途径与扩散方式：** 作为观赏或药用植物有意引入。人为栽培后逃逸。

**生境与危害：** 生于路旁、绿地或荒地。尚未构成大面积危害。

**控制措施：** 该种在甘肃尚未大规模扩散，仅有较小居群小范围分布。应加强管理，密切注意发展趋势。

## 杂种车轴草 \ *Trifolium hybridum* L.

**别名：** 杂车轴草

**形态特征：** 茎直立或上升，疏被柔毛或近无毛。掌状三出复叶，叶面无白斑；托叶卵形至卵状披针形，下部托叶有时边缘具不整齐齿裂，合生部分短，离生部分长渐尖，先端尾尖；小叶阔椭圆形，先端钝，基部阔楔形，边缘具不整齐细锯齿。花序球形，着生叶腋；总花梗比叶长；花密集；无总苞，苞片甚小，锥刺状；萼钟形，萼齿披针状三角形；花冠淡红色至白色；子房线形，花柱几与子房等长，上部弯曲。荚果椭圆形，通常有种子2粒；种子小，橄榄绿色至褐色。

**识别要点：** 草本。掌状三出复叶；小叶阔椭圆形，上面无"V"形白斑；花冠淡红色至白色；常具2粒种子。

**生物学与生态学特性：** 多年生草本，花果期6～10月。以匍匐茎繁殖。适应性广，对土壤要求不严。

**原产地与分布：** 原产于亚洲西部及欧洲。现归化于北美洲、南美洲及亚洲东部。我国分布于甘肃、贵州、青海、黑龙江、陕西、上海、新疆、浙江。甘肃分布于甘州区、麦积区及兰州各县（区）等。

**入侵途径与扩散方式：** 有意引入。作为牧草或观赏植物人工引种后逃逸。

**生境与危害：** 生于路边、农田、牧场、果园。耐旱，侵占性强，具有化感作用，影响区域生物多样性。

**控制措施：** 控制引种；及时清除逸生种群。

# 红车轴草 \ **Trifolium pratense L.**

**别名：**红三叶、红三叶草

**形态特征：**株高 20～40cm。茎匍匐或斜升，疏分枝。掌状三出复叶；小叶卵形或椭圆形，边缘有细锯齿，表面有"V"形白斑。头状花序顶生；总苞片卵圆形，顶端尖锐，有纵脉；花萼筒状，萼齿线状披针形，最下面 1 齿较长；花冠紫红色或淡紫红色。荚果倒卵形，包于宿存的花萼内；种子 1 粒，肾形黄褐色至黄紫色。

**识别要点：**草本。掌状三出复叶；小叶卵形或椭圆形，表面有"V"形白斑；头状花序无总花梗；花冠紫红色或淡紫红色。

**生物学与生态学特性：**多年生草本，花果期 5～9月。以匍匐茎和种子繁殖。喜温凉湿润气候，耐贫瘠，耐酸，不耐盐碱，耐荫。

**原产地与分布：**原产于非洲北部、亚洲中部及欧洲。现归化于美洲、亚洲东部。我国多数省份有分布。甘肃各县（市、区）有分布。

**入侵途径与扩散方式：**作为牧草、观赏植物有意引入。人工引种后逃逸扩散。

**生境与危害：**生于路边、农田、牧场、果园、桑园。为杂草。根系分泌化感物质影响邻近植物生长，危害较为严重。

**控制措施：**控制引种。

# 白车轴草 \ Trifolium repens L.

**别名：** 白三叶、白花三叶草、白花苜蓿

**形态特征：** 茎匍匐。掌状三出复叶；小叶倒卵形或倒心形，基部宽楔形，边缘有细齿，表面无毛，上面常有"V"形白斑；托叶椭圆形，顶端尖，抱茎。花序头状，有长总花梗，高于叶；萼筒状、萼齿三角形，较萼筒短；花冠白色或淡红色，旗瓣椭圆形。荚果倒卵状椭圆形，内含种子3或4粒；种子近圆形，黄褐色。

**识别要点：** 草本。掌状三出复叶；小叶倒卵形或倒心形，上面常有"V"形白斑；头状花序具长总花梗；花冠多为白色。

**生物学与生态学特性：** 多年生草本，花期5～8月，果期8～9月。以匍匐茎和种子繁殖。适应性广，对土壤要求不严。

**原产地与分布：** 原产于非洲北部、亚洲中部和西部及欧洲。现归化于美洲和亚洲东部。我国多数省份有分布。甘肃各县（市、区）引种栽培。

**入侵途径与扩散方式：** 有意引入。作为牧草或观赏植物人工引种后逃逸扩散。

**生境与危害：** 生于路边、农田、牧场、果园。耐旱，侵占性强，具有化感作用，影响区域生物多样性，尤其是影响近地草本植物。

**控制措施：** 控制引种。

# 》 大麻科 Cannabaceae

## 大麻 \ Cannabis sativa L.

**别名：** 麻子、花麻

**形态特征：** 株高 1～3m。茎具纵沟，富含韧皮纤维。叶互生或下部叶对生，掌状全裂，裂片 3～9，披针形，边缘具粗锯齿；叶柄长 4～14cm。花单性，雌雄异株；雄花花被片 5，雄蕊 5，圆锥花序；雌花无柄，排列成穗状，花被片退化，膜质。瘦果扁卵圆形，有光泽，质硬。

**识别要点：** 草本。茎直立，具纵沟，茎皮纤维发达；掌状复叶，全裂；花单性，异株，5 数；瘦果。

**生物学与生态学特性：** 一年生高大草本，花期 6～8 月，果期 9～10 月。种子繁殖。喜营养丰富、排水性好、结构良好、有机质含量高的粉质土壤。

**原产地与分布：** 原产于印度及亚洲中部。除大洋洲外，世界各大洲均有分布。我国各省份皆有种植，其中在西南地区、东北地区、华北地区及西北地区常见逸生。甘肃各县（市、区）有分布。

**入侵途径与扩散方式：** 有意引入。人工引种扩散。

**生境与危害：** 生于农田。古代引入的麻类作物目前在甘肃很多地方种植。在河西走廊特别是甘州区、高台县、临泽县的杂交玉米制种田常作为隔离作物种植。在甘肃部分县（市、区）逸为田间杂草，为害农作物，但发生量较小，危害较轻。

**控制措施：** 人工及生物防治。控制种子扩散；对入侵农田的大麻可在结果前人工拔除；可据情况采取合适的生物防治。

# 》酢浆草科 Oxalidaceae

## 酢浆草 \ Oxalis corniculata L.

**别名：** 酸浆草、酸酸草

**形态特征：** 全株被柔毛。茎细弱，多分枝，匍匐或斜升，匍匐茎节上生根。掌状三出复叶，基生或茎上互生；小叶倒心形，无柄。花单生或数朵集为伞形花序状；总花梗淡红色，与叶近等长；小苞片 2，披针形；萼片 5，披针形或长圆状披针形；花瓣 5，黄色，长圆状倒卵形；雄蕊 10；子房长圆形，花柱 5，柱头头状。蒴果长圆柱形；种子长卵形，褐色或红棕色。

**识别要点：** 草本。全株被疏柔毛；茎匍匐或斜升，多分枝；掌状三出复叶；小叶倒心形，无柄；花黄色。

**生物学与生态学特性：** 多年生草本，花期 4～8 月，果期 5～9 月，种子繁殖与宿根茎分蘖繁殖。抗旱能力较强，一般园土均可生长，但以腐殖质丰富的砂壤土生长旺盛，夏季有短期的休眠。

**原产地与分布：** 原产于亚洲东南部及中国。现世界各大洲广布。我国多数省份有分布。甘肃分布于麦积区、合水县、岷县、合作市、舟曲县、武都区、文县、康县、徽县。

**入侵途径与扩散方式：** 作为药用或观赏植物有意引入。自然扩散。

**生境与危害：** 生于山坡草地、河谷沿岸、路边、田边、林下阴湿处等。为杂草。牛羊食用过多可中毒致死。

**控制措施：** 适时铲除；可用除草剂草坪宁、坪草清等有效防除。

# 红花酢浆草 ╲ Oxalis corymbosa DC.

**别名：** 三叶草、铜钱草

**形态特征：** 全株具白色细纤毛。无地上茎，地下有多数小鳞茎。叶基生，掌状三出复叶；小叶宽倒心形，全缘。伞形花序，具花5～10朵，花序梗基生；花淡红色有深桃红色条纹；花萼5，顶端有2个暗红色长圆形腺体；花瓣5，倒心形，无毛；雄蕊10，5长5短，花丝下部合生为筒；花柱5裂。蒴果圆柱形。

**识别要点：** 草本。叶基生，掌状三出复叶；小叶宽倒心形；花淡红色有深桃红色条纹，花序伞状；蒴果圆柱形。

**生物学与生态学特性：** 多年生草本，花果期6～9月，种子繁殖或鳞茎繁殖。适生于潮湿、疏松的土壤。有强的化感作用，其他植物几乎都不能在有该种植物的耕地上生长。

**原产地与分布：** 原产于南美洲。归化于世界热带及温带地区。我国多数省份有分布。甘肃分布于秦州区、麦积区、崆峒区、武都区。

**入侵途径与扩散方式：** 有意引入，作为观赏植物引入。种子、茎易随带土苗木传播，繁殖迅速。

**生境与危害：** 生于田野、庭院和路边。作为观赏植物引种，逸生后成为较为常见的杂草。蔬菜地、果园地亦常见。对农田作物的生长有严重的影响。

**控制措施：** 控制引种，加强管理；防止随带土苗木传播，在发生地挖除小鳞茎；可用草甘膦、嗪草酮、阿特拉津等进行化学防治，或用2,4-D钠盐等除草剂防除。

刘全儒 摄

# 》 大戟科 Euphorbiaceae

## 斑地锦草 \ Euphorbia maculata L.

**别名：** 斑叶地锦

**形态特征：** 全株被白色疏柔毛。叶对生，长椭圆形至肾状长圆形，基部偏斜，边缘中部以下全缘，中部以上常具细小疏锯齿，叶面中部常具1个长圆形的紫色斑点；叶柄极短；托叶钻状，边缘具睫毛。花序单生于叶腋，具短柄；总苞狭杯状，边缘5裂，裂片三角状圆形；腺体4个，边缘具白色附属物。蒴果三角状卵形，被稀疏柔毛，成熟时易分裂为3个分果片；种子卵状四棱形，长约1mm，每个棱面具5个横沟。

**识别要点：** 草本。叶对生，中部常具1个长圆形的紫色斑点；花序单生于叶腋；蒴果三角状卵形，成熟时易分裂为3个分果片。

**生物学与生态学特性：** 一年生匍匐草本，花果期4～9月。种子数量大，繁殖力强。耐土壤瘠薄。

**原产地与分布：** 原产于北美洲。世界各大洲有分布。我国多数省份有分布。甘肃分布于甘州区、凉州区、秦州区、麦积区、崆峒区、庆城县。

**入侵途径与扩散方式：** 无意引入。种子随农作物、草皮销售等人类活动传播扩散。

**生境与危害：** 生于路旁、草地、砖缝、公园绿地。全株有毒，影响区域生物多样性。

**控制措施：** 为甘肃省新发现的入侵植物，仅在甘州区、凉州区、秦州区、麦积区、崆峒区、庆城县发现，尚未形成大规模扩散，须密切注意发展趋势。开花前人工拔除以达到防控目的。

## 蓖麻　*Ricinus communis* L.

**形态特征**：株高可达 2m。茎光滑，多液汁。叶互生，盾状圆形，掌状深裂，裂片 5～11，边缘有锯齿，叶柄的顶端和基部有腺体。圆锥花序与叶对生，长 10～30cm；花单性，雌雄同株，无花瓣，下部着生雄花，上部着生雌花；雄花花萼 3～5 裂，雄蕊多数，花丝多分枝，集成圆球状；雌花花萼与雄花相同，子房 3 室，花柱 3，2 裂。蒴果球形，有软刺，成熟时 3 裂；种子长圆形，有花纹。

**识别要点**：草本。叶互生，有长柄，盾状；花单性，雌雄同株，无花瓣，下部着生雄花，上部着生雌花；蒴果球形，有软刺。

**生物学与生态学特性**：一年生草本，花期 6～7 月，果期 7～10 月。种子繁殖。适宜生长于肥沃的砂质土壤。

**原产地与分布**：原产于非洲东部。归化于世界热带及温带地区。我国多数省份有分布。甘肃分布于甘州区、临泽县、高台县、凉州区、民勤县、榆中县、合水县、徽县、文县、成县。

**入侵途径与扩散方式**：作为药用植物有意引入，后作为油脂作物推广。人工引种弃置后逸生。种子可通过啮齿类动物或食谷物的鸟类传播。

**生境与危害**：生于村旁、疏林、河岸和荒地。排挤本土植物或危害栽培植物。种子有毒，误食可造成中毒甚至死亡。

**控制措施**：控制在适宜栽培区种植；可用 2,4-D-丁酯、甲磺隆等防除。

# 》 柳叶菜科 Onagraceae

## 黄花月见草 \ Oenothera glazioviana Micheli

**别名：** 月见草、红萼月见草

**形态特征：** 茎高达 1.5m，常密被曲柔毛与疏生伸展长毛，茎枝上部常密混生短腺毛。基生叶倒披针形，先端锐尖或稍钝，基部渐窄并下延为翅，边缘有浅波状齿，两面被曲柔毛与长毛；茎生叶窄椭圆形或披针形，先端锐尖或稍钝，基部楔形，边缘疏生齿突。穗状花序顶生，密被曲柔毛、长毛与短腺毛；苞片卵形或披针形，无柄；萼片窄披针形，反折，毛被较密；花瓣 4，黄色，倒卵形，先端微凹；花柱伸出花筒部分较长。蒴果锥状圆柱形，被曲柔毛与腺毛；种子菱形，褐色。

**识别要点：** 草本。基生叶莲座状，茎生叶互生，无柄；花黄色，花生枝端叶腋；蒴果锥状圆柱形。

**生物学与生态学特性：** 二年生或多年生草本，花期 5～10 月，果期 8～11 月。种子繁殖。喜光，对土壤适应性强。

**原产地与分布：** 原产于欧洲。归化于世界温带及亚热带地区。我国多数省份有引种栽培。甘肃分布于甘州区、高台县、临泽县、城关区、永登县、麦积区、康县、文县、成县等地。

**入侵途径与扩散方式：** 作为花卉有意引入。随人工引种、水流、风、动物携带种子传播扩散。

**生境与危害：** 常生于铁路旁、工业地、园林废弃地及道路两旁。为环境杂草。影响当地生物多样性，危害不大。

**控制措施：** 严格控制在适宜区域引种；可用草甘膦、史泰隆等防除。

# 》 漆树科 Anacardiaceae

## 火炬树 Rhus typhina L.

**别名：** 鹿角漆树

**形态特征：** 株高达 8m。小枝黄褐色，粗壮，密生灰色茸毛。奇数羽状复叶，互生，具柄下芽；小叶 11~23 枚，长椭圆状至披针形，边缘有锯齿，两面有茸毛。雌雄异株，圆锥花序顶生，密生茸毛；花淡绿色；雌花花柱有红色刺毛。核果深红色，密生绒毛，花柱宿存、密集、呈火炬形。

**识别要点：** 落叶小乔木或灌木。奇数羽状复叶互生；果穗深红色或暗红色。果有红色绒毛，紧密聚生成火炬状。

**生物学与生态学特性：** 落叶小乔木或灌木，花期 6~7 月，果期 8~9 月，种子繁殖和分蘖繁殖。耐性强，根系发达，萌蘖性强，是良好的护坡、固堤、固沙的水土保持和薪炭林树种。

**原产地与分布：** 原产于北美洲。归化于世界各大洲。我国分布于安徽、北京、甘肃、河北、河南、辽宁、内蒙古、宁夏、陕西、山东、山西、天津。甘肃分布于临泽县、甘州区、凉州区、民勤县、城关区、榆中县、宁县、庆城县。

**入侵途径与扩散方式：** 作为美化绿化树种有意引入。人工引种后逃逸及自然扩散。

**生境与危害：** 生于河谷、堤岸及路旁。危害农田和果园，侵占公路，通过营养繁殖和化感作用抑制邻近植物的生长，危害当地生态系统。分泌物会引起过敏人群的不良反应。

**控制措施：** 控制引种。

# 》 锦葵科 Malvaceae

## 苘麻 *Abutilon theophrasti* Medikus

**别名：** 青麻、白麻

**形态特征：** 株高 1～2m，有时可达 3～4m。叶互生，圆心形，先端尖，基部心形，边缘具圆齿，两面密生柔毛；叶柄长 8～18cm。花单生于叶腋；花萼绿色，下部呈管状，上部 5 裂；花瓣 5，黄色，具明显脉纹；雄蕊多数，花丝结合成筒；心皮 15～20，轮状排列，密被软毛。蒴果成熟后裂开，分果瓣具喙；种子肾形，褐色，具星状毛。

**识别要点：** 草本。茎枝被柔毛；叶互生，具长柄，圆心形；花瓣黄色；花丝结合成筒；蒴果成熟后裂开；种子肾形。

**生物学与生态学特性：** 一年生草本，花期 7～8 月，果期 9～10 月。种子繁殖。短日照植物。

**原产地与分布：** 原产于印度。归化于亚洲、非洲、欧洲、大洋洲、北美洲。我国多数省份有分布。甘肃多数县（市、区）有分布。

**入侵途径与扩散方式：** 有意引入，用于制作麻类织物。随农作物引种、水流等传播扩散。

**生境与危害：** 常见于路边、田野、荒地、堤岸。主要危害玉米、棉花、豆类、蔬菜等作物。

**控制措施：** 人工拔除；使用选择性内吸传导型苗前除草剂防除。

# 野西瓜苗 \ *Hibiscus trionum* L.

**别名：** 灯笼草、香铃草

**形态特征：** 全株被星状毛。基部叶近圆形，不裂，中部和上部的叶掌状，3～5深裂至全裂，裂片倒卵状长圆形，边缘具羽状缺刻或齿。花单生于叶腋；小苞片多数，线形，具缘毛，基部合生；花萼钟状，淡绿色，膜质，5裂；花瓣5，倒卵形，淡黄色，内面基部紫色，疏被柔毛；雄蕊多数，花丝结合成圆筒；子房5室，花柱顶端5裂，柱头头状。蒴果圆球形，有长毛；种子肾形。

**识别要点：** 叶互生、二型，基生叶不分裂，中部和上部叶掌状，3～5深裂至全裂；花萼膜质；花瓣淡黄色，内面基部紫色。

**生物学与生态学特性：** 一年生草本，花期7～9月，果期9～11月。种子繁殖。

**原产地与分布：** 原产于非洲。归化于世界泛热带地区。我国多数省份有分布。甘肃多数县（市、区）有分布。

**入侵途径与扩散方式：** 无意引入。随农作物引种、交通等人类活动传播扩散。

**生境与危害：** 生于路旁、田埂、荒坡、旷野。为旱地作物常见杂草。与作物竞争水分和养分，导致作物减产。

**控制措施：** 及时拔除幼苗，防止结实后种子进一步散播；可用西玛津、高效吡氟氯草灵等除草剂防除。

# 》 十字花科 Brassicaceae

## 密花独行菜 \ *Lepidium densiflorum* Schrad.

**别名：** 独行菜

**形态特征：** 株高 10～40cm。茎直立，通常上部分枝，疏生短柔毛。基生叶长圆形或椭圆形，羽状分裂；茎下部及中部叶长圆披针形或线形；茎上部叶线形，边缘近全缘，近无柄。总状花序有多数密生花；萼片卵形；无花瓣或花瓣退化成丝状，远短于萼片；雄蕊 2。短角果圆状倒卵形；种子卵形，黄褐色，有不明显窄翅。

**识别要点：** 草本。基生叶有柄，下部及中部茎生叶有短柄，全部叶下表面有柱状短柔毛，上表面无毛。短角果圆状倒卵形。

**生物学与生态学特性：** 一年生或二年生草本，花期5～6月，果期6～7月。种子繁殖。通常种子于夏季发芽，形成莲座状幼苗越冬。

**原产地与分布：** 原产于北美洲。归化于欧洲及亚洲部分温带地区。我国分布于北京、河北、黑龙江、吉林、辽宁、山东、甘肃等地。甘肃分布于临夏市。

**入侵途径与扩散方式：** 无意引入。旅行、交通携带扩散。

**生境与危害：** 生于沙地、田边及路旁。为一般性杂草。发生量小，危害轻。

**控制措施：** 结果前铲除；用除草剂防除。

严靖 摄

# 北美独行菜　*Lepidium virginicum* L.

**别名：** 星星菜、辣椒菜

**形态特征：** 株高 20～50cm。茎直立，上部分枝，具腺毛。基生叶倒披针形，羽状分裂或大头羽裂，裂片大小不等，边缘有锯齿，两面有短伏毛；茎生叶有短柄，倒披针形或线形。总状花序顶生；萼片椭圆形，长约 1mm；花瓣白色，倒卵形，与萼片等长或稍长；雄蕊 2（4）。短角果近圆形，有狭翅，顶端微缺；种子卵形，红棕色，无毛，边缘有窄翅。

**识别要点：** 草本。茎直立，上部分枝，具腺毛；基生叶倒披针形，羽状分裂或大头羽裂，两面有短伏毛；茎生叶有短柄，倒披针形或线形；总状花序顶生；花瓣白色；短角果近圆形。

**生物学与生态学特性：** 一年生或二年生草本，花期 4～5 月，果期 6～7 月。种子繁殖。耐旱。

**原产地与分布：** 原产于北美洲。世界热带及温带地区皆有分布。我国多数省份有分布。甘肃分布于嘉峪关，以及肃州区、甘州区、临泽县、高台县、民勤县、临洮县、甘谷县、文县。

**入侵途径与扩散方式：** 无意引入。自然传播。

**生境与危害：** 生于路旁、荒地或农田中。为常见杂草。具化感作用，影响作物生长，造成作物减产。

**控制措施：** 深翻耕地；用化学方法防治。在幼苗时进行化学防治效果较好。

# 》 石竹科 Caryophyllaceae

## 麦仙翁　*Agrostemma githago* L.

**别名**：麦毒草

**形态特征**：株高可达90cm，全株被白色长硬毛。茎直立，不分枝或上部分枝。叶对生，线形或线状披针形，基部合生。花大，单生于茎顶及枝端；花梗长；萼管长圆状圆筒形，裂片5，叶状线形；花瓣5，紫红色，较花萼短，爪窄楔形，白色，瓣片倒卵形，微凹；雄蕊10，比花瓣短；花柱5，丝状。蒴果卵形，微长于宿萼，5齿裂；种子三角状肾形，黑色或近黑色，具棘状突起。

**识别要点**：草本。叶对生，线形或线状披针形；花萼裂片5，叶状，长于萼筒；花柱5。

**生物学与生态学特性**：一年生草本，花期6～8月，果期7～9月。种子繁殖。结种量大，单株结种可达3000粒。种子保持生活力时间长，易于萌发。耐寒，耐干旱瘠薄。

**原产地与分布**：原产于地中海地区。除南极洲外，世界各大洲均有分布。我国分布于贵州、黑龙江、吉林、辽宁、内蒙古、甘肃、新疆。甘肃分布于甘州区、城关区、麦积区。

**入侵途径与扩散方式**：无意引入。随农事活动、粮食贸易而无意携带传播。花色鲜艳，具有观赏性，因此引种栽培和种子贸易也是其传播途径之一。

**生境与危害**：生于农田、路边草地和半干旱草原地带。种子及茎叶均有毒，为有毒杂草。

**控制措施**：加强种子管理；田间发现幼苗及时清理；可用除草剂防治。

刘全儒 摄

# 麦蓝菜 \ Gypsophila vaccaria Sm.

**别名：** 王不留行、麦蓝子

**形态特征：** 上部叉状分枝，节膨大，高 30～70cm。叶对生、全缘，卵状披针形或卵状椭圆形，基部圆形或心形，抱茎。聚伞花序顶生；萼筒具 5 条绿色宽脉及 5 条肋棱，花后萼筒基部膨大；花瓣 5，淡红色，倒卵形顶端全缘或有不整齐小齿，基部具长爪；雄蕊 10；花柱 2。蒴果卵形，4 齿裂，包于宿萼内；种子多数、球形、黑色。

**识别要点：** 草本。叶对生，基部圆形或心形，抱茎；萼筒具 5 条绿色宽脉及 5 条肋棱，花后萼筒基部膨大。

**生物学与生态学特性：** 一年生或二年生草本，花期 4～5 月，果期 5～6 月。种子繁殖。喜肥喜水。

**原产地与分布：** 原产于欧洲。现分布于亚洲与北美洲。我国多数省份有分布。甘肃分布于肃北蒙古族自治县、甘州区、民乐县、凉州区、民勤县、麦积区、泾川县、舟曲县、迭部县、城关区、碌曲县、徽县、成县。

**入侵途径与扩散方式：** 无意引入和自然进入。通过农作等人类活动传播扩散。

**生境与危害：** 甘肃黄河以西地区常作为药材种植，部分地区逃逸，但危害不大；黄河以东地区生于麦田、蔬菜地及路边荒地，早春发生量大，为田间危害性大的杂草。

**控制措施：** 加强种子管理；可采用乙草胺、2 甲 4 氯等进行化学防治。

# 》 苋科 Amaranthaceae

## 空心莲子草 \ Alternanthera philoxeroides (Mart.) Griseb.

**别名：** 空心苋、喜旱莲子草、水花生、水蕹菜、空心莲子菜

**形态特征：** 茎基部匍匐、上部伸展，中空，有分枝，节处疏生细柔毛。叶对生，长圆状倒卵形或倒卵状披针形，先端圆钝，有芒尖，基部渐狭，边缘有睫毛。头状花序单生于叶腋；苞片和小苞片干膜质，宿存；花被片 5，白色或略带粉红色，不等大；雄蕊 5，基部合生成杯状，退化雄蕊顶端分裂成 3 或 4 窄条；子房倒卵形，柱头头状。

**识别要点：** 草本。叶对生，长圆状倒卵形至倒卵状披针形；头状花序单一，花白色或略带粉红色。

**生物学与生态学特性：** 多年生水陆两栖草本，花果期 5~9 月，边开花边结果，但结果率低。具有强大的营养繁殖能力。本种对光的适应范围比较广，强光或荫蔽的地方均可生长，这成为它适应性和竞争力强、具有强入侵性的原因。

**原产地与分布：** 原产于巴西、乌拉圭、阿根廷。现广布于美洲、大洋洲、亚洲东部和东南部及欧洲（部分国家）。我国多数省份有分布。甘肃分布于成县、徽县、文县。

**入侵途径与扩散方式：** 有意引入。自然传播扩散。

**生境与危害：** 生于池沼、水沟。可覆盖水面，堵塞航道，危害作物，滋生蚊蝇，排挤其他植物，破坏生态景观。在 2003 年国家环保总局和中国科学院发布的《中国第一批外来入侵物种名单》中位列第三，在澳大利亚昆士兰州《全球 200 个最具侵害性的外来物种名单》（"200 of the World's Worst Invasive Alien Species"）中位列前茅。甘肃仅在南部发现，但扩散趋势严重，应严加防范。

**控制措施：** 人工防治、化学防治或生物防治。机械打捞；用草甘膦、水花生净等除草剂清除；用莲草直胸跳甲（*Agasicles hygrophila*）或真菌除草剂防治，对水生型植株的防治效果较好。

## 北美苋　*Amaranthus blitoides* S. Watson

**形态特征：** 株高 15～50cm。茎大部分伏卧，绿白色。叶片倒卵形、匙形至矩圆状倒披针形，长 5～25mm，宽 3～10mm，顶端圆钝或急尖，基部楔形，全缘；叶柄长 5～15mm。花呈腋生花簇，比叶柄短，有少数花；苞片及小苞片披针形，顶端急尖，具尖芒；花被片常 4，卵状披针形至矩圆状披针形，绿色，顶端具尖芒；柱头 3，顶端卷曲。胞果椭圆形；种子卵形，黑色。

**识别要点：** 草本。茎多伏卧，绿白色；叶片密生，倒卵形、匙形至矩圆状倒披针形，全缘；腋生花簇，花少数。

**生物学与生态学特性：** 一年生草本，花期 7～9 月，果期 9～10 月。种子繁殖。种子产量大，单株可产 14 600 粒，萌发率高。

**原产地与分布：** 原产于北美洲。现世界亚热带至温带地区广泛归化。我国分布于安徽、北京、甘肃、河南、河北、黑龙江、吉林、辽宁、内蒙古、山东、陕西、山西、新疆。甘肃分布于凉州区、古浪县。

**入侵途径与扩散方式：** 无意引入，随其他作物种子裹挟带入。种子轻、微，可借风力传播。

**生境与危害：** 适应性强，常于瘠薄干旱的土壤上生长。C4 植物，植株生长迅速，种子产量大，发芽率高。

**控制措施：** 营养生长期铲除。

# 凹头苋 \ Amaranthus blitum L.

**别名：** 野苋菜、光苋菜

**形态特征：** 茎伏卧上升，从基部分枝，淡绿色或紫红色。叶片卵形或菱状卵形，顶端凹缺，有1芒尖，或微小不显，基部宽楔形，全缘或稍呈波状。圆锥花序顶生，分枝；苞片及小苞片矩圆形，长不及1mm；花被片3，矩圆形或披针形，淡绿色；雄蕊3；柱头3或2。胞果扁卵形，微皱缩而近平滑，超出宿存花被片；种子环形。

**识别要点：** 草本。全体无毛；圆锥花序顶生，淡红色；花被片3；雄蕊3；果不开裂，皱缩。

**生物学与生态学特性：** 一年生草本，苗期5~6月，幼苗数量较多，花期7~8月，果期8~10月。种子繁殖。喜疏松的土壤。

**原产地与分布：** 原产于欧亚大陆及非洲北部。现广布于亚洲、欧洲、非洲北部及南美洲。我国多数省份有分布。甘肃分布于敦煌市、凉州区、泾川县、麦积区、康县、文县、徽县、舟曲县。

**入侵途径与扩散方式：** 作为药用和蔬菜用有意引入。通过水流、风力或被鸟类和其他动物取食或排泄后传播。

**生境与危害：** 生于田野、宅旁、荒地、路边，可沿道路侵入自然生态系统。为C4植物，典型的农田杂草，适应性强，种子产量大，主要危害豆类、棉花、玉米、蔬菜、果树、烟草等。

**控制措施：** 结果前拔除；用化学方法清除。

# 尾穗苋 \ **Amaranthus caudatus** L.

**别名：** 老枪谷

**形态特征：** 株高达 1m 以上。茎粗壮，具条纹，单一或分枝，常淡红色。叶菱状卵形或菱状披针形，全缘或波状。圆锥花序顶生或腋生，下垂，由多数穗状花序组成；花单性，雄花及雌花混生于同一花簇；苞片和小苞片干膜质，紫红色，披针形；花被片 5，雄花花被片矩圆形，雄蕊 5；雌花花被片矩圆状披针形，柱头 3。胞果近卵形，盖裂；种子近球形，淡褐黄色。

**识别要点：** 草本。茎直立；叶片菱状卵形或菱状披针形；圆锥花序顶生或腋生，下垂，由多数穗状花序组成；花密集成团，苞片及小苞片干膜质，紫红色。

**生物学与生态学特性：** 一年生草本，花期 7～8 月，果期 9～10 月。种子繁殖。喜疏松肥沃的土壤。

**原产地与分布：** 原产于美洲热带。现世界热带及温带地区广布。我国多数省份有分布。甘肃分布于玉门市、麦积区、合水县、康县、文县、永靖县、临夏市。

**入侵途径与扩散方式：** 有意引入。人工种植后种子逃逸扩散。

**生境与危害：** 生于路边、农田及山坡。危害蔬菜、果树及花园。未形成入侵，但具备入侵种特性。

**控制措施：** 加强管理，密切监视发展动态；控制引种；可通过化学防除。

# 绿穗苋 \ *Amaranthus hybridus* L.

**别名：** 大叶藜、血见愁

**形态特征：** 茎高 30～80cm，直立，有分枝，被开展柔毛。叶片卵形或菱状卵形，长 3～4.5cm，宽 1.5～2.5cm，先端急尖或微凹，有凸尖，基部楔形，边缘波状或有不明显的齿；叶柄长 1～2.5cm。圆锥花序顶生，细长，稍弯曲，有分枝，由穗状花序构成，中间花穗最长；苞片及小苞片钻状披针形，长 3.5～4mm，绿色，中脉向前伸出成芒尖；花被片 5，长圆状披针形，长约 2mm，先端锐尖，有凸尖，中脉绿色；雄蕊 5，略与花被片等长；柱头 3。胞果卵形，长约 2mm，环状开裂，超出宿存花被片；种子近球形，直径约 1mm，黑色。

**识别要点：** 草本。叶片卵形或菱状卵形；由穗状花序构成的圆锥花序顶生，细长，稍弯曲，有分枝，中间花穗最长；花被片 5，长圆状披针形；胞果卵形。

**生物学与生态学特性：** 一年生草本，花期 7～8 月，果期 9～10 月。种子繁殖。

**原产地与分布：** 原产于北美洲东部、中美洲和南美洲北部。现分布于美洲、非洲、亚洲东部和中南部及大洋洲。我国多数省份有分布。甘肃分布于文县、康县。

**入侵途径与扩散方式：** 有意引入。人工种植后逃逸，借助风力、水流、动物粪便及人类活动传播。

**生境与危害：** 生于田边、路旁、荒地或低山坡受干扰的地段。为一般性杂草。危害果园、农田。

**控制措施：** 控制引种；可以通过化学防除。

# 反枝苋 \ *Amaranthus retroflexus* L.

**别名：** 野苋菜、苋菜、西风谷

**形态特征：** 茎直立，高 20～80cm，密生短柔毛，有分枝。叶互生，有长柄，叶片菱状卵形或椭圆状卵形。多数穗状花序形成圆锥花序，顶生及腋生，顶生花穗较侧生者长；苞片及小苞片钻形，白色，先端具芒尖；雌花花被片 5，白色，具小凸尖，柱头 3；雄花花被片 5，雄蕊 5。胞果扁卵形，环状横裂，包裹在宿存花被片内；种子近球形，棕色或黑色。

**识别要点：** 草本。全株有毛；圆锥花序顶生及腋生；胞果包裹在宿存花被片内。

**生物学与生态学特性：** 一年生草本，花期 7～8 月，果期 8～9 月。种子无休眠期。

**原产地与分布：** 原产于美洲热带。世界广布。我国多数省份有分布。甘肃多数县（市、区）有分布。

**入侵途径与扩散方式：** 无意引入。种子通过风力、农机具、水、鸟类、堆肥及部分昆虫传播。

**生境与危害：** 多生于农田、路边、荒地及宅旁。为恶性入侵杂草。危害棉花、豆类、瓜类、薯类等多种旱田作物。另外，本种可富集硝酸盐，家畜过量食用会引起中毒。

**控制措施：** 人工拔除；用化学除草剂防治。

# 刺苋　Amaranthus spinosus L.

**别名：**筋苋菜、勒苋菜

**形态特征：**株高30～100cm。茎多分枝，有纵条纹，绿色或带紫色。叶互生，叶片卵状披针形或菱状卵形，叶柄两侧有2刺。圆锥花序腋生及顶生；花小，单性或杂性，雌花簇生于叶腋，呈球状，雄花集为顶生的直立或微垂的圆柱形穗状花序；苞片刺毛状，约与萼片等长或过之，常变形成2锐刺，少数具1刺或无刺；花被片5，绿色，先端急尖，边缘透明；雄蕊5；柱头3，有时2。胞果长圆形；种子近球形，黑色带棕黑色。

**识别要点：**草本。叶柄两侧有2刺；苞片常变形成2锐刺，少数具1刺或无刺；花被片绿色。

**生物学与生态学特性：**一年生直立草本，花期5～9月，果期8～10月。种子繁殖。喜肥沃、疏松的土壤。

**原产地与分布：**原产于美洲热带。现分布于加勒比地区、非洲及亚洲部分地区。我国多数省份有分布。甘肃分布于南部各县（市、区）。

**入侵途径与扩散方式：**无意引入。通过水流或风力自然传播，亦可随农作物、牧草引种等人类活动扩散。

**生境与危害：**生于田边、菜地、宅旁、路边和荒地。危害旱田作物及果园，局部地区危害较严重。本种刺可扎伤手脚。

**控制措施：**人工拔除；深耕翻埋；用化学除草剂防治。

# 苋　　**Amaranthus tricolor** L.

**别名:** 雁来红、老来少、三色苋

**形态特征:** 株高可达 1m 以上。茎直立，常分枝，绿色或红色。叶互生，叶片菱状广卵形或三角状广卵形，有绿色、红色、暗紫色或带紫色斑。花序在下部者呈球形，在上部者呈稍断续的穗状花序；花黄绿色，单性或杂性，雌雄同株；苞片卵形，膜质；萼片 3，披针形，膜质；雄蕊 3；雌蕊 1，柱头 3 裂。胞果椭圆形，萼片宿存；种子黑褐色，近于扁圆形，两面凸。

**识别要点:** 草本。叶通常绿色、红色或带紫色斑；稍断续穗状花序；花被片 3；雄蕊 3；胞果横裂。

**生物学与生态学特性:** 一年生草本，花期 5～8 月，果期 7～9 月。种子繁殖。喜肥沃、排水良好的砂质土壤，耐旱、耐碱。

**原产地与分布:** 原产于印度。亚洲东部和南部有分布。我国多数省份有分布。甘肃在东南部、东部、中部有栽培。

**入侵途径与扩散方式:** 作为蔬菜有意引入。人工栽培后逃逸。

**生境与危害:** 生于田边、宅旁。通常作为蔬菜栽培，常逸为野生，侵入其他作物田后成为有害杂草，部分地区危害较重。

**控制措施:** 人工铲除；控制种子传播；用化学除草剂防治。

# 皱果苋　　*Amaranthus viridis* L.

**别名**：绿苋、野苋

**形态特征**：株高 40～80cm，全体无毛。茎直立，少分枝，绿色或带紫色。叶卵形、卵状长圆形或卵状椭圆形，先端常凹缺，少数圆钝。圆锥花序顶生，有分枝，顶生花穗比侧生者长；花单性或杂性；花被片 3；雄蕊 3。胞果扁球形，绿色，不裂，极皱缩，超出花被片；种子凸透镜状，黑色或黑褐色。

**识别要点**：草本，全株无毛。圆锥花序顶生，淡红色，顶花序长，直立；花被片 3；雄蕊 3；果不裂，皱缩。

**生物学与生态学特性**：一年生草本，花期 6～8 月，果期 8～10 月。种子繁殖。喜疏松土壤。

**原产地与分布**：原产于美洲热带。现世界热带、亚热带及温带地区广布。我国多数省份有分布。甘肃分布于文县、麦积区、临夏市、庆城县、崆峒区、通渭县、城关区、平川区。

**入侵途径与扩散方式**：无意引入。人工引种时带入，种子经人和动物传播。

**生境与危害**：生于旷野、荒地、河岸、山坡。为田园杂草，可沿道路入侵自然生态系统及农田。

**控制措施**：人工拔除。

# 青葙 Celosia argentea L.

**别名：** 野鸡冠花、鸡冠花、百日红、狗尾草

**形态特征：** 株高 0.3～1m。茎直立，光滑，具明显条纹。叶片矩圆状披针形至椭圆状披针形，顶端具小芒尖，基部渐狭；叶柄短或无。花多数，在茎端或叶腋呈单一的塔状或圆柱状穗状花序；苞片及小苞片披针形，白色，光亮，顶端渐尖，延长成细芒；花被片矩圆状披针形，初为白色，顶端带红色，或全部粉红色，后变白色，顶端渐尖；花药紫色；子房有短柄，花柱紫色。胞果卵形；种子凸透镜状肾形。

**识别要点：** 草本。茎有纵条纹；叶互生，矩圆状披针形至椭圆状披针形；穗状花序顶生或腋生；苞片、小苞片和花被片干膜质；花被片初为白色，顶端带红色，后变白色。

**生物学与生态学特性：** 一年生草本，花期5～8月，果期6～10月。种子繁殖。喜温暖湿润气候。喜肥沃、排水良好的砂质土壤。

**原产地与分布：** 原产于印度。现分布于亚洲东部和东南部及非洲热带地区。我国多数省份有分布。甘肃分布于麦积区、徽县、文县。

**入侵途径与扩散方式：** 有意引入。种子随引种栽培、农事活动、种子贸易、花卉苗木贸易等途径传播。

**生境与危害：** 生于路边、较干燥的向阳处。栽培种群常逸为野生。

**控制措施：** 人工拔除。

# 杂配藜 \ Chenopodiastrum hybridum (L.) S. Fuentes

**别名：** 大叶藜、血见愁

**形态特征：** 株高 40～120cm。茎直立，具淡黄色或紫色条棱。叶宽卵形至卵状三角形，基部圆形、截形或略呈心形，边缘掌状浅裂，轮廓略呈五角形；上部叶较小，多呈三角状戟形。花两性兼有雌性，排成圆锥状花序；花被裂片 5；雄蕊 5。胞果双凸镜状；种子直径 2～3mm，黑色，表面具明显的圆形深洼或凹凸不平。

**识别要点：** 草本。叶宽卵形至卵状三角形，具波状齿；胞果双凸镜状，果皮上面具四角形至六角形网纹。

**生物学与生态学特性：** 一年生草本，花期4～5月，果期 5～6 月。种子繁殖。结实率高，单株结实可达 15 000 粒，发芽率高。喜肥喜水。

**原产地与分布：** 原产于欧洲、亚洲西部。现广布于北温带。我国多数省份有分布。甘肃多数县（市、区）有分布。

**入侵途径与扩散方式：** 无意引入及自然引入。随鸟和家畜携带传播。种子轻，微小，易随气流传播。

**生境与危害：** 生于路边、农田、荒地。为农田杂草。发生量大，危害较严重。

**控制措施：** 开花前人工拔除或喷施除草剂。

# 土荆芥 Dysphania ambrosioides (L.) Mosyakin & Clemants

**别名：** 臭草、杀虫芥、鹅脚草

**形态特征：** 株高 50～80cm，揉之有强烈气味。茎直立、多分枝，具条纹。叶互生，披针形或狭披针形，上部叶渐小而近全缘，下表面有黄色腺点，沿叶脉稍被柔毛。花两性或部分雌性，组成腋生、分枝或不分枝的穗状花序；花被裂片 5，少有 3，绿色；雄蕊 5；柱头 3 或 4 裂。胞果扁球形。

**识别要点：** 草本。全株有强烈臭气；叶下表面有黄色腺点；花通常 3～5 朵聚集。

**生物学与生态学特性：** 一年生或多年生草本，花果期 6～10 月。种子繁殖。对生长环境要求不严，极易扩散。

**原产地与分布：** 原产于美洲热带。现广布于世界热带及暖温带地区。我国多数省份有分布。甘肃分布于康县、文县、成县。

**入侵途径与扩散方式：** 无意引入。随农事活动、货物运输传播、扩散，也可随水流、气流短距离传播。

**生境与危害：** 生于村旁、路边、旷野及河岸等地。含有毒的挥发油，对其他植物产生化感作用。常见的花粉过敏原，对人体健康造成危害。

**控制措施：** 人工清除或除草剂防治。

## 千日红 \ Gomphrena globosa L.

**别名：**火球花、百日红

**形态特征：**茎粗壮，有分枝，被灰色糙毛。叶长椭圆形或长圆状倒卵形，先端尖或圆钝，凸尖，基部渐窄，边缘波状，两面被白色长柔毛。顶生球形或长圆形头状花序，1～3个，常紫红色，有时淡紫色或白色；总苞具2枚绿色对生叶状苞片，卵形或心形，两面被灰色长柔毛；苞片卵形，白色，先端紫红色；花被片披针形，密被白色绵毛；雄蕊花丝连成筒状，顶端5浅裂，花药生于裂片内面，微伸出；花柱条形，较花丝筒短，柱头叉状分枝。胞果近球形；种子肾形，褐色。

**识别要点：**草本。茎粗壮，有分枝，被糙毛；叶对生，两面被白色长柔毛；顶生球形或长圆形头状花序，常紫红色。

**生物学与生态学特性：**一年生草本，花期6～7月，果期8～9月。种子繁殖。

**原产地与分布：**原产于美洲热带。现世界各地引种栽培。我国各省份均有栽培。甘肃分布于甘州区、城关区、麦积区、武都区、安定区。

**入侵途径与扩散方式：**有意引入。随人为引种扩散传播。

**生境与危害：**生于草地、路边、庭院、公园及废弃地。危害性不大。

**控制措施：**严格控制在适宜区域引种。

# 》 商陆科 Phytolaccaceae

## 垂序商陆 \ Phytolacca americana L.

**别名：** 洋商陆、美洲商陆

**形态特征：** 株高可达 2m，全株光滑无毛。根粗壮，倒圆锥状。茎多分枝，常紫红色。叶长椭圆形或宽披针形，先端短尖或渐尖，基部楔形。总状花序顶生或与叶对生，纤细；花两性，花被片 5，白色；雄蕊通常 10；心皮 6～14，通常 10 枚，合生。果序下垂；浆果扁球形，紫黑色；种子肾圆形，平滑。

**识别要点：** 草本。茎多分枝，常紫红色；总状花序顶生或与叶对生；花白色，花被片 5，果序下垂；浆果扁球形，紫黑色。

**生物学与生态学特性：** 多年生直立草本，花果期6～10 月。种子繁殖。喜疏松的土壤环境，耐阴。

**原产地与分布：** 原产于北美洲。广布于亚洲、欧洲及非洲部分地区。我国多数省份有分布。甘肃分布于永登县、成县、徽县、文县。

**入侵途径与扩散方式：** 作为药用植物有意引入。种子常被食果动物特别是鸟类取食后散布。

**生境与危害：** 生于村边、路旁、荒地。对当地生物多样性有一定的影响。根和浆果有毒，对人及家畜有一定的毒害。

**控制措施：** 严禁随意引种；在结果前铲除；阻止鸟类啄食传播种子。

# 》 紫茉莉科 Nyctaginaceae

## 紫茉莉 \ Mirabilis jalapa L.

**别名：** 草茉莉、胭脂花、地雷花、状元花

**形态特征：** 茎直立，多分枝。叶对生、卵形或卵状三角形，先端渐尖，基部截形或心形，全缘；叶柄长 1～4cm。花单生；苞片 5，萼片状；花被片花冠状，白色、红色、黄色或粉红色，漏斗状；雄蕊常 5 或 6 枚；子房卵圆形，花柱线形，柱头头状。瘦果卵形或近球形，黑色，有棱。

**识别要点：** 直立草本。叶对生；花单生，漏斗状；瘦果卵形或近球形，黑色，有棱。

**生物学与生态学特性：** 一年生直立草本，花期 6～10 月，果期 10～11 月。种子繁殖。种子生产量大，单株可产 100～1000 粒，种子发芽率可达 80% 以上。喜大水大肥。

**原产地与分布：** 原产于南美洲。现广泛归化于世界热带及温带地区。我国各省份有分布。甘肃各县（市、区）作为花卉引种栽培。

**入侵途径与扩散方式：** 作为观赏花卉有意引入。随人为引种扩散；果实具较大浮力，易随水流传播。

**生境与危害：** 生于花圃、公园、路旁。部分地区逃逸为入侵植物，形成单优势种群落。具化感作用，对当地生物多样性有一定的影响，但危害不大。根和种子有毒。

**控制措施：** 控制随意引种；密切注意发展趋势，防止种子扩散。

# 》 紫草科 Boraginaceae

## 玻璃苣 \ *Borago officinalis* L.

**别名：** 琉璃苣、琉璃花

**形态特征：** 全株被毛。茎直立，中空。单叶互生，椭圆形或长椭圆形，淡绿色至深绿色，长5～15cm，宽3～6cm，表面密被白色绒毛，叶缘锯齿状；基生叶有柄，茎生叶略抱茎，几无柄。聚伞花序顶生，松散；花萼5，裂片披针形，绿色或紫红色，密被柔毛；花瓣5，呈辐射状，蓝色或粉蓝色，喉部具5鳞片状附属物；雄蕊5，花丝短而阔，花药为硬质黑色长针状；子房4裂。小坚果4，平滑或有小刺，黄褐色或深褐色，有棱，长3～5mm。

**识别要点：** 草本。全株被毛；聚伞花序松散顶生；花萼裂片披针形，绿色或紫红色；花瓣蓝色或粉蓝色，喉部具5鳞片状附属物；雄蕊花丝短而阔，花药为硬质黑色长针状。

**生物学与生态学特性：** 一年生草本，花期6～8月，果期7～9月。种子繁殖。种子产量大，萌发率高。

本种适应性强，适应温暖干燥的气候，喜冷凉温和的气候，耐寒，耐热；耐土壤瘠薄，对土壤的适应性强，在pH4.5～8.3的土壤均能生长；抗病虫性强，很少发生病虫害。

**原产地与分布：** 原产于地中海地区。现欧洲、北美洲、大洋洲、非洲和亚洲东部广泛引种栽培。我国分布于辽宁、广东、甘肃、陕西。甘肃分布于甘州区、山丹县、民乐县、高台县。

**入侵途径与扩散方式：** 有意引入。人工引种扩散。

**生境与危害：** 生于花园、公园、荒地及农田边缘。2010年以来在甘肃河西走廊地区大面积种植，部分地区逃逸后建立种群，成为入侵种，影响当地生物多样性。

**控制措施：** 加强管理，限制引种，防止逃逸；对逃逸植株，结种前人工铲除。

# 聚合草　Symphytum officinale L.

**别名：** 友谊草、肥羊草

**形态特征：** 株高可达 1m，被硬毛和短伏毛。茎数条，直立或斜升，有分枝。基生叶多数，具长柄，叶片长圆状卵形或长圆状披针形，基部在茎上明显下延成翅状，无柄。螺旋状聚伞花序，含多数花；花萼 5 裂，较花冠短；花冠筒状，淡紫色、紫红色至黄白色；雄蕊 5，生于花冠管上；子房 4 裂。果实为 4 个卵形小坚果。

**识别要点：** 草本。全株被硬毛和短伏毛；叶基在茎上明显下延成翅状；螺旋状聚伞花序；花冠筒状，喉部具 5 枚线形鳞片；果实为 4 个卵形小坚果。

**生物学与生态学特性：** 丛生型多年生草本，花期 6~7 月，果期 7~8 月。扦插分株繁殖。根系发达，茎的再生能力强。

**原产地与分布：** 原产于欧洲。世界各地广泛栽培或逸生为入侵植物。我国分布于北京、甘肃、河北、河南、黑龙江、湖北、吉林、辽宁、内蒙古、宁夏、青海、山东、陕西、山西、上海、四川、新疆。甘肃分布于甘州区、高台县、城关区、崆峒区、庆城县等地。

**入侵途径与扩散方式：** 作为饲料作物有意引入。人工引种扩散。

**生境与危害：** 生于草坪、路边、草地。为栽培牧草或野生杂草。有毒植物，可致肝癌、肺癌和畸胎等，应谨慎引种。

**控制措施：** 限制引种；人工铲除。

# 》 旋花科 Convolvulaceae

## 三色旋花 Convolvulus tricolor L.

**别名：** 蝴蝶花、猫脸花、人面花

**形态特征：** 全株被柔毛。茎直立或攀缘上升或匍匐。叶狭矩圆形至匙形，先端钝圆，具柄，全缘。花单生或稀疏聚伞花序，花直径5～6cm，蓝色、红色，喉部黄色；花冠钟形或漏斗形。蒴果。

**识别要点：** 草本。花蓝色、红色，喉部黄色；花冠钟形或漏斗形。

**生物学与生态学特性：** 一年生草本，花期5～9月，果期7～10月。种子繁殖。适应性强，种子容易萌发。喜温暖、潮湿、阳光充足的环境，对土壤要求不严。

**原产地与分布：** 原产于地中海沿岸。归化于欧洲及北美洲。亚洲东部、大洋洲、非洲和南美洲部分地区作为观赏植物种植。我国分布于北京、山东、四川、河北、浙江、江苏、甘肃。甘肃仅发现于甘州区。

**入侵途径与扩散方式：** 作为观赏植物有意引入。人工引种扩散。

**生境与危害：** 生于草坪、路边。逃逸后影响当地生物多样性。

**控制措施：** 严格管理，防止扩散。

# 亚麻菟丝子　　*Cuscuta epilinum* Weihe

**形态特征：** 根、叶退化成鳞片状。茎浅黄色、乳白色或绿白色。花序紧凑，直径约 10mm，无苞片；花 5 数；花萼裂片不等长，宽卵形，长于萼筒；花冠淡黄色，裂片卵状三角形，短于花冠筒；花冠附属物呈平截的匙形，短于花冠筒，具极短的流苏；花丝稍长于花药；花柱 2，柱头线性。蒴果近球形，周裂；种子常两粒结合在一起，结合体呈肾形，表面粗糙。

**识别要点：** 草本，常寄生于亚麻等植物体上。茎缠绕；花序球形紧凑；花淡黄色，有短梗；蒴果近球形。

**生物学与生态学特性：** 一年生寄生草本，花期 6～8 月，果期 7～10 月。种子繁殖。

**原产地与分布：** 原产于欧洲。现欧洲、北美洲、亚洲东部和西部、非洲西南部有分布。我国分布于甘肃、黑龙江、陕西、新疆。甘肃分布于金川区、天祝藏族自治县、肃南裕固族自治县。

**入侵途径与扩散方式：** 无意引入。非人为扩散。

**生境与危害：** 寄生于亚麻等草本或小灌木上。在阳光充足而开阔的区域，繁殖力强，蔓延迅速。茎之吸盘伸入寄主体内，吸取水分和养分，导致寄主植物生长迟缓，甚至枯萎死亡。

**控制措施：** 精选种子，防止亚麻菟丝子种子混入；深翻土地，以抑制亚麻菟丝子种子萌发；摘除亚麻菟丝子藤蔓，带到田外烧毁或深埋；在亚麻菟丝子幼苗未长出缠绕茎之前锄灭；在栽种前期使用野麦畏或野麦敌进行化学防治，防除效果较好。

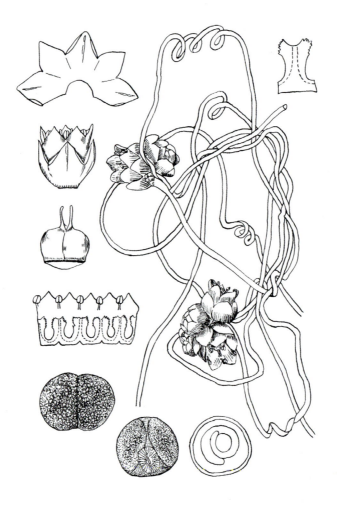

刘全儒 绘

# 牵牛　Ipomoea nil (L.) Roth

**别名：** 大牵牛花、喇叭花

**形态特征：** 茎细长，缠绕，多分枝。叶互生，心形，常为3裂，中裂片长卵圆形，两侧裂片较底部宽圆，掌状叶脉。花序腋生，有1～3朵花；小苞片2，细长；萼片5；花冠蓝紫色渐变成淡紫色或粉红色，漏斗状；雄蕊5，不伸出花冠外，花丝不等长；子房3室，柱头头状。蒴果近球形；种子卵状三棱形，黑褐色。

**识别要点：** 缠绕草本，有水状乳汁。叶心形，通常3裂至中部；花冠漏斗状，蓝紫色渐变成淡紫色或粉红色；蒴果近球形，3瓣裂。

**生物学与生态学特性：** 一年生缠绕草本，花期6～9月，果期9～10月。种子繁殖。

**原产地与分布：** 原产于美洲。世界热带、亚热带地区广布。我国多数省份有分布。甘肃分布于甘州区、高台县、麦积区、城关区、文县等地。

**入侵途径与扩散方式：** 作为花卉有意引入。人工引种扩散。

**生境与危害：** 生于路旁、篱笆旁及果园内，栽培供观赏或逸为野生。适应性较强，分布广泛，已成为庭院常见杂草，有时危害草坪和灌木。

**控制措施：** 可在幼苗期人工铲除，亦可在结果前刈割灭杀；用2甲4氯和2,4-D-丁酯进行化学防除。

# 圆叶牵牛　Ipomoea purpurea (L.) Roth

**别名：** 牵牛花、喇叭花、紫花牵牛

**形态特征：** 全株被短柔毛和倒向的长硬毛。茎缠绕，多分枝。叶互生，叶片圆卵形或阔卵形，顶端渐尖，基部心形，边缘全缘；叶柄长2～12cm。花腋生，1～5朵，总花梗与叶柄近等长；苞片线形；萼片5，长圆形，近等大；花冠漏斗状，紫色、淡红色或白色；雄蕊5，内藏，不等长；子房3室，柱头3裂。蒴果近球形，3瓣裂；种子黑色或禾秆色，卵球状三棱形。

**识别要点：** 草质藤本。叶互生，圆卵形或阔卵形；花冠漏斗状，紫色、淡红色或白色。蒴果近球形，3瓣裂。

**生物学与生态学特性：** 一年生草质藤本，花期6～9月，果期9～10月。种子繁殖。

**原产地与分布：** 原产于南美洲。世界各大洲有分布。我国各省份有分布。甘肃分布于甘州区、临泽县、高台县、凉州区、城关区、文县、秦州区、麦积区。

**入侵途径与扩散方式：** 作为观赏植物有意引入。人工引种扩散。

**生境与危害：** 生于田边、路旁、野地、篱笆旁，栽培供观赏或逸为野生。适应性较强，分布广泛，已成为庭院常见杂草，有时危害草坪和灌木，有时侵入林缘，危害林缘的灌木。

**控制措施：** 可在幼苗期人工铲除，亦可在结果前刈割灭杀；用2甲4氯和2,4-D-丁酯进行化学防除。

# 》茄科 Solanaceae

## 毛曼陀罗 \ **Datura innoxia** Mill.

**别名：** 软刺曼陀罗、毛花曼陀罗

**形态特征：** 株高 1～2m，全株密被细腺毛和短柔毛。茎粗壮。叶片宽卵形，顶端急尖，基部不对称，近圆形，全缘而微波状或有不规则的疏齿。花单生于枝杈间或叶腋；花梗初直立，花谢后逐渐向下弓曲；花萼圆筒状，不具棱角，向下渐稍膨大，5 裂；花冠长漏斗状，下半部带淡绿色，上部白色，花开放后呈喇叭状，边缘有 10 尖头；子房密生白色柔针毛。蒴果俯垂，近球状或卵球状，密生柔韧性细针刺，近顶端不规则开裂；种子扁肾形，褐色。

**识别要点：** 草本或半灌木。全株密被细腺毛和短柔毛；蒴果表面密生柔韧性细针刺。

**生物学与生态学特性：** 一年生草本或半灌木，花期 6～10 月，果期 7～11 月。种子繁殖。

**原产地与分布：** 原产于美国西南部及墨西哥。世界温带及热带地区有分布。我国多数省份有分布。甘肃分布于南部各县（市、区）。

**入侵途径与扩散方式：** 有意引入，作为观赏植物或药用植物引入。人工引种扩散或自然扩散。

**生境与危害：** 生于荒地、旱地、宅旁、向阳山坡。为旱地、果园和苗圃杂草。全株含生物碱，对人、家畜、鱼类和鸟类有强烈毒性，果实和种子毒性最大。

**控制措施：** 结果前人工拔除。

赵金博 摄

# 洋金花 \ Datura metel L.

**别名：** 狗核桃、万桃花、白花曼陀罗

**形态特征：** 株高达 1m。茎基部稍木质化。叶互生或茎上部对生，卵形或宽卵形，顶端尖，基部两侧不相等，全缘或呈微波浪状或每边有 3 或 4 短齿。花单生于枝的杈间或叶腋；花萼筒状，5 裂；花冠漏斗状，5 裂，裂片有尖头，白色；雄蕊 5，或重瓣者达 15 枚。蒴果斜升至横向生，扁圆形，表面疏生短硬刺，成熟后不规则开裂；种子多数，三角形而扁，淡褐色。

**识别要点：** 草本。植株近无毛；花冠漏斗状；蒴果斜升至横向生，表面疏生短硬刺。

**生物学与生态学特性：** 一年生草本，花果期 9～11 月。种子繁殖。喜温暖湿润气候，以在排水良好的砂质土壤上生长为佳。

**原产地与分布：** 原产于美洲。世界温带地区广布。我国多数省份有分布。甘肃分布于武都区、秦州区、麦积区。

**入侵途径与扩散方式：** 作为药用植物有意引入。人工引种扩散或自然扩散。

**生境与危害：** 多野生在田间、沟旁、道边、河岸、山坡等地。为常见杂草。

**控制措施：** 控制引种；结果前人工拔除。

# 曼陀罗 \ Datura stramonium L.

**别名：** 狗核桃、羊金花、闹羊花

**形态特征：** 株高 1～1.5m，全株光滑无毛，或幼叶上有疏毛。茎粗壮直立，上部常呈二叉状分枝。叶互生，叶片宽卵形，具长柄，先端渐尖，基部不对称楔形，边缘有不规则的波状浅裂，裂片三角形。花单生于叶腋或枝丫处；花萼筒状，5 齿裂；花冠漏斗状，上部白色至紫色，5 浅裂；雄蕊 5；子房不完全 4 裂。蒴果直立，表面有硬刺，卵圆形；种子稍扁肾形，黑褐色。

**识别要点：** 草本。花冠漏斗状，上部白色至紫色，5 浅裂；蒴果卵圆形，表面有硬刺。

**生物学与生态学特性：** 一年生草本，花期 6～10 月，果期 7～11 月。种子繁殖。

**原产地与分布：** 原产于墨西哥。世界温带及热带地区广布。我国多数省份有分布。甘肃分布于嘉峪关，以及肃州区、甘州区、高台县、临泽县、凉州区、古浪县、城关区、秦州区、麦积区、文县、合水县、夏河县、清水县、迭部县、庆城县、环县、崆峒区。

**入侵途径与扩散方式：** 作为药用植物有意引入。人工引种扩散或自然扩散。

**生境与危害：** 生于荒地、旱地、宅旁、向阳山坡、林缘、草地。为旱地、果园和苗圃杂草。全株含生物碱，对人、家畜、鱼类和鸟类有强烈的毒性，果实和种子毒性最大。

**控制措施：** 结果前人工拔除。

## 假酸浆 \ **Nicandra physalodes (L.) Gaertn.**

**别名：**鞭打绣球、冰粉、大千生

**形态特征：**株高 50～80cm。茎具 4 或 5 条纵沟，上部三叉状分枝。单叶互生，叶片卵形至椭圆形，先端渐尖，基部阔楔形下延，边缘不规则的锯齿呈皱波状。花淡紫色，单生于枝腋或与叶对生；花萼钟状，5 深裂，裂片宽卵形，先端尖，基部心脏状箭形，具 2 尖耳片，果时增大为 5 棱状，宿存；花冠钟状，淡蓝色，冠檐 5 浅裂，裂片宽短；雄蕊 5，内藏；子房 3～5，胚珠多数，柱头近头状，3～5 浅裂。浆果球形，黄色或褐色，为宿萼包被；种子淡褐色。

**识别要点：**草本。花萼 5 深裂至近基部，裂片基部心脏状箭形，且具 2 尖锐的耳片，果时增大为 5 棱状，完全包围浆果，子房 3～5。

**生物学与生态学特性：**一年生草本，花果期夏秋季。种子繁殖。

**原产地与分布：**原产于秘鲁。现世界广布。我国多数省份有分布。甘肃分布于金塔县、甘州区、秦州区、麦积区、临洮县、成县、文县、徽县、崆峒区。

**入侵途径与扩散方式：**作为药用、食用植物有意引入。人工引种扩散或自然扩散。

**生境与危害：**生于农田、荒地、沟渠边、路边、村落。数量较少，危害不严重。

**控制措施：**人工拔除。

## 苦蘵 \ **Physalis angulata** L.

**别名：**灯笼泡、灯笼草

**形态特征：**株高 30～50cm，全株被疏短柔毛或近无毛。茎多分枝。叶片卵形至卵状披针形，基部楔形或宽楔形，全缘或有不等大的牙齿，两面近无毛。花梗长 5～12mm，纤细，被短柔毛；花萼被短柔毛，裂片披针形；花冠淡黄色，喉部常有紫色斑纹；花药蓝紫色或有时黄色。果萼卵球形，直径 1.5～2.5cm，薄纸质，10 棱；浆果直径约 1.2cm。

**识别要点：**草本。叶基楔形或宽楔形；花冠淡黄色；果萼 10 棱。

**生物学与生态学特性：**一年生草本，花果期 5～12月。种子繁殖。种子产量大，萌发率高，幼苗适应性强。

**原产地与分布：**原产于南美洲。现世界广布。我国多数省份有分布。甘肃分布于康县。

**入侵途径与扩散方式：**人类活动无意引入。种子极小，随作物种子、货物及交通工具携带传播扩散。

**生境与危害：**生于山坡林下或田边、路边土壤肥沃、疏松处。为玉米地、大豆地杂草。

**控制措施：**加强检验检疫；发现逸生及时拔除；玉米地可用莠去津进行化学防除。

何毅 摄

何毅 摄

## 珊瑚樱 \ *Solanum pseudocapsicum* L.

**别名：** 刺石榴、玉珊瑚、冬珊瑚

**形态特征：** 直立灌木，株高达 2m，无毛。叶互生，狭长圆形至披针形，基部窄楔形下延，全缘或波状。花单生，稀双生或呈短总状花序与叶对生或腋外生，白色，花序梗无或极短；花萼绿色，5 裂；花冠筒隐于萼内，裂片 5，卵形；花药黄色，矩圆形；子房近圆形，柱头截形。浆果橙红色，萼宿存；种子盘状，扁平。

**识别要点：** 灌木。全株无毛；花小，多单生，白色；花冠筒隐于萼内。

**生物学与生态学特性：** 多年生直立分枝小灌木，花期 5～6 月，果熟期 8～10 月。种子繁殖和营养繁殖。喜阴暗潮湿的环境。

**原产地与分布：** 原产于南美洲。现非洲南部、北美洲、欧洲、亚洲等地有分布。在我国栽培，有时归化为野生种，多数省份有分布。甘肃文县有分布。

**入侵途径与扩散方式：** 作为观赏植物有意引入。种子随带土苗木、鸟类和水流传播。

**生境与危害：** 常生于林缘、荒地、宅旁。全株有毒，人、畜误食后会引起头晕、恶心、嗜睡、剧烈腹痛等中毒症状。

**控制措施：** 加强引种管理，防止逃逸；开花结果前修剪或拔除，或用除草剂化学防除。

刘全儒 摄

# 羽裂叶龙葵 / *Solanum triflorum* Nutt.

**别名：** 裂叶茄、三花茄

**形态特征：** 茎平卧、外倾至上升，基部多分枝，节上常有不定根，新生枝无毛或疏生短柔毛，偶有腺毛，老时脱落。单叶，羽状半裂至深裂，长圆形至卵状椭圆形，无毛或疏生短柔毛，叶缘、叶脉及叶背面稍密。花单生于叶腋，集成伞形至近伞形花序，具花1～6朵；花萼筒上部5裂，裂片顶端锐尖，密被短柔毛；花冠白色或淡紫色，基部中央具黄绿色斑，5裂呈星状，花期反折，密被短柔毛；子房球形。浆果球形，成熟时深绿色；种子近球形，黄色。

**识别要点：** 草本。茎平卧、外倾至上升；单叶，羽状半裂至深裂；花冠白色或淡紫色，基部中央具黄绿色斑；浆果球形，成熟时深绿色。

**生物学与生态学特性：** 一年生草本，花期5～6月，果熟期5～10月。种子繁殖和营养繁殖。

**原产地与分布：** 原产于美洲。现分布于美洲温带、欧洲、非洲南部、澳大利亚及亚洲部分地区。我国分布于内蒙古、甘肃。甘肃仅在榆中县萃英山有分布。

**入侵途径与扩散方式：** 无意引入。伴随农作物引种或鸟类传播。

**生境与危害：** 生于路边、山坡、砂质土壤的耕地和盐碱地。为农田杂草，具有较强的入侵性。全株有毒，人、畜误食后会引起头晕、恶心、剧烈腹痛等中毒症状。

**控制措施：** 加强入侵监测，发现后即刻采取措施；结实前人工拔除。

# 》 车前科 Plantaginaceae

## 阿拉伯婆婆纳 / *Veronica persica* Poir.

**别名:** 波斯婆婆纳

**形态特征:** 株高 15～45cm，全株具柔毛。茎基部分枝，下部贴伏地面。基部叶对生，上部叶互生，卵圆形、卵状长圆形，边缘有钝锯齿，基部圆形，有柄或近无柄。花单生于苞腋，花梗明显长于苞叶；花萼 4，深裂；花冠淡蓝色，有放射状蓝色条纹，4 裂；雄蕊 2。蒴果肾形、倒扁心形，宽大于长，顶端凹口开角大于 90°，宿存花柱伸出凹口很多；种子舟形或长圆形。

**识别要点:** 草本。全株具柔毛；茎基部叶对生，上部叶互生，边缘有钝锯齿；花单生于苞腋，花梗明显长于苞叶；蒴果肾形、倒扁心形。

**生物学与生态学特性:** 一年生草本，花果期 4～8 月。以种子进行有性繁殖。种子产生量大，萌发率高，繁殖速度快。以不定根和匍匐茎进行营养繁殖，能迅速扩张形成优势居群。

**原产地与分布:** 原产于欧洲、亚洲西部。世界温带及亚热带地区广布。我国多数省份有分布。甘肃在天祝藏族自治县、肃南裕固族自治县、秦州区、麦积区有分布。

**入侵途径与扩散方式:** 无意引入。种子较小，可借助风、水、人、畜等传播。

**生境与危害:** 生于路边、宅旁、旱地夏熟作物田。繁殖能力强，生长速度快，生长期长，对作物造成严重危害；是多种病虫害的中间寄主；具有化感作用，影响周边其他植物生长。

**控制措施:** 人工、机械和化学防除比较困难。本种生于作物的下层，通过作物的适度密植可在一定程度上控制其生长；水旱轮作可有效地控制其发生；也可用绿麦隆、2 甲 4 氯、氯氟吡氧酸等除草剂防除。

## 婆婆纳 \ Veronica polita Fries

**别名：** 双肾草、桑肾子

**形态特征：** 株高 10～25cm。茎铺散多分枝，被长柔毛，纤细。叶对生，具短柄，叶片心形至卵形，先端钝，基部圆形，边缘具钝齿，两面被白色柔毛。总状花序顶生；苞片叶状，互生；花梗略短于苞叶；花萼 4 裂，裂片卵形，顶端急尖，疏被短硬毛；花冠淡紫色、蓝色、粉色或白色，筒部极短，4 裂；雄蕊 2。蒴果近于肾形，稍扁，密被柔毛；种子舟状深凹。

**识别要点：** 草本。茎具柔毛；叶对生，边缘有 7～9 个钝锯齿；花单生于苞腋，花梗略短于苞叶；蒴果近于肾形，花柱与凹口齐或略过之。

**生物学与生态学特性：** 一年生草本，花期 3～10 月。种子繁殖或营养繁殖。

**原产地与分布：** 原产于亚洲西部。现广布于世界温带和亚热带地区。我国多数省份有分布。甘肃在文县、康县、夏河县、天祝藏族自治县有分布。

**入侵途径与扩散方式：** 无意引入。交通、人和动物的活动传播或自然扩散传播。

**生境与危害：** 生于荒地、林缘、路旁。为田园常见杂草。主要危害小麦、大麦、蔬菜、果树等作物。

**控制措施：** 同阿拉伯婆婆纳。

# 》马鞭草科 Verbenaceae

## 柳叶马鞭草 \ *Verbena bonariensis* L.

**别名:** 南美马鞭草、长茎马鞭草

**形态特征:** 茎直立,四棱形,高可达150cm。单叶对生,披针形,叶尖骤尖,基部抱茎或微抱茎,边缘具粗齿状,两面被白色粗毛,无叶柄。聚伞花序常生于茎和枝的顶部,聚成紧密的头状花序状;苞片线状披针形,全缘;花萼裂片披针形;花冠淡紫红色至粉红色,5裂;雄蕊4,着生于冠筒的中部,2枚在上,2枚在下;花柱1,柱头2。果实成熟时包在萼内;小坚果线形,黄色至红褐色。

**识别要点:** 草本。茎直立,四棱形;单叶对生,披针形,基部抱茎或微抱茎;花冠淡紫红色至粉红色;果实成熟时包在萼内。

**生物学与生态学特性:** 一年生草本,花期6~9月,果期7~10月。种子繁殖。喜温暖和阳光充足的环境,耐寒性差。种子产生量大,萌发率高。适应性较强。

**原产地与分布:** 原产于南美洲的巴西、阿根廷等地。现非洲南部、亚洲温带地区、澳大利亚、新西兰、美国和西印度群岛有引种栽培。我国分布于安徽、北京、福建、甘肃、湖南、江苏、宁夏、上海、江西、浙江、云南。甘肃分布于甘州区、金川区。

**入侵途径与扩散方式:** 作为观赏植物有意引入。随引种人为传播。

**生境与危害:** 生于路边、撂荒地。影响当地生物多样性。

**控制措施:** 加强管理,防止逃逸;在结果前拔除。

# ≫ 唇形科 Lamiaceae

## 一串红 \ *Salvia splendens* Ker Gawl.

**别名：** 爆仗红、象牙红

**形态特征：** 株高 30～80cm。茎四棱形，有浅槽，直立，有分枝。叶对生，卵形或卵圆形，边缘有锯齿，下面具腺点。轮伞花序 2～6 花，组成顶生总状花序；苞片卵圆形，红色，先端尾状渐尖；花萼钟形，红色，二唇形；花冠红色，冠筒筒状；能育雄蕊 2；花柱与花冠近相等，先端不等 2 裂；花盘等大。小坚果椭圆形，暗褐色。

**识别要点：** 草本。茎四棱形，有浅槽，直立；叶对生，卵形或卵圆形，边缘有锯齿；轮伞状总状花序着生枝顶；花冠、花萼同色，花萼宿存；小坚果。

**生物学与生态学特性：** 一年生草本，花期 6～11 月。种子繁殖或扦插繁殖。喜温暖和阳光充足的环境，耐寒性差。常栽培。

**原产地与分布：** 原产于巴西。世界各地引种栽培。我国各省份有分布。甘肃各县（市、区）多有种植，部分地区逸为野生。

**入侵途径与扩散方式：** 作为观赏植物有意引入。人工栽培扩散和逃逸扩散。

**生境与危害：** 栽培于苗圃、花圃、绿化带。栽培区发生的病害有白粉病、灰霉病、叶斑病、花叶病毒病等。虫害有银纹夜蛾、红蜘蛛、白粉虱、绿盲蝽和蚜虫。

**控制措施：** 发现病株立即拔除销毁。

# 》菊科 Asteraceae

## 婆婆针 \ Bidens bipinnata L.

**别名：**刺针草、鬼针草

**形态特征：**茎直立，高达 1m，钝四棱形，无毛或上部被极稀疏的柔毛。叶对生，二回羽状分裂，顶生裂片窄，先端渐尖，边缘疏生不规则粗齿，两面疏被柔毛。头状花序梗长 1~5cm；总苞杯形，外层总苞片 5~7，线形，草质，被稍密柔毛，内层膜质，椭圆形，长 3.5~4mm，背面褐色，被柔毛；舌状花 1~3 朵，不育，舌片黄色，椭圆形或倒卵状披针形；盘花筒状，黄色，冠檐 5 齿裂。瘦果线形，具 3 或 4 棱，长 1.2~1.8cm，具瘤突及小刚毛，顶端芒刺 3 或 4。

**识别要点：**草本。叶对生，二回羽状复叶；头状花序单生于枝端，外层总苞片 5~7，与花序近等长；瘦果顶端具芒刺 3 或 4。

**生物学与生态学特性：**一年生草本，花果期 8~10 月。种子繁殖。喜温暖湿润的环境。

**原产地与分布：**原产于美洲热带。分布于美洲、亚洲、欧洲及非洲东部。我国分布于东北、华北、华中、华东、华南、西南地区，以及陕西、甘肃等地。甘肃分布于文县、徽县、庆城县、成县、康县、两当县、舟曲县。

**入侵途径与扩散方式：**无意引入。瘦果冠毛芒状具倒刺，能附着在人畜身上和货物上，随人类活动扩散。

**生境与危害：**生于路边、荒地、山坡及水沟边。为常见杂草。影响当地作物产量及生物多样性。

**控制措施：**开花前人工铲除或用氟磺胺草醚水剂喷雾防除。

## 大狼耙草　**Bidens frondosa** L.

**别名：**接力草、大狼杷草

**形态特征：**茎直立，分枝，高30～120cm，常带紫色。叶对生，具柄，一回羽状复叶；小叶3～5，披针形，先端渐尖，边缘有粗锯齿。头状花序单生于茎端和枝端；外层苞片5～10，披针形或匙状倒披针形，叶状；内层苞片长圆形，膜质，具淡黄色边缘；舌状花无或极不明显；筒状花两性，5裂。瘦果扁平，狭楔形，顶端芒刺2，有倒刺毛。

**识别要点：**草本。叶对生，一回羽状复叶；小叶3～5；常无舌状花；瘦果扁平，狭楔形，顶端芒刺2。

**生物学与生态学特性：**一年生草本，花果期7～10月。种子繁殖。喜温暖湿润的环境。

**原产地与分布：**原产于北美洲。现归化于世界温带及亚热带地区。我国分布于安徽、北京、重庆、甘肃、贵州、河北、黑龙江、湖北、吉林、江苏、江西、辽宁、上海、云南、浙江、广东。甘肃分布于甘州区、麦积区、成县、徽县。

**入侵途径与扩散方式：**无意引入。瘦果冠毛芒状具倒刺，能附着在人畜身上和货物上，随人、畜活动扩散，也可随水流传播。

**生境与危害：**生于路边、荒地、湿地、水沟边。为常见杂草。根系发达，种子萌发力强，常成片发生，与作物争水争肥，影响作物生长，破坏当地生物多样性。

**控制措施：**加强检疫；精选种子；成苗后在种子成熟前人工拔除，或用氯氟吡氧乙酸、2甲4氯等农药进行化学防除。

# 金盏菊 | **Calendula officinalis** L.

**别名：** 金盏花、黄金盏、长生菊、常春花、金盏

**形态特征：** 株高30～60cm，全株被白色茸毛。单叶互生，椭圆形或椭圆状倒卵形，全缘；基生叶有柄，上部叶基抱茎。头状花序单生于茎顶，形大；舌状花一轮或多轮平展，金黄色或橘黄色；筒状花黄色或褐色。瘦果，船形、爪形。

**识别要点：** 草本。单叶互生，椭圆形或椭圆状倒卵形，全缘，基生叶有柄，上部叶基抱茎；头状花序单生于茎顶，舌状花一轮或多轮平展，金黄色或橘黄色，筒状花黄色或褐色。

**生物学与生态学特性：** 一年生草本，花期5～6月，果期6～7月。种子繁殖或扦插繁殖。喜阳光充足的环境，适应性较强。以疏松、肥沃、微酸性土壤最好，生长快。较耐寒，耐瘠薄干旱土壤及阴凉环境。

**原产地与分布：** 原产于欧洲及埃及。现归化于世界温带地区。我国多数省份有栽培。甘肃各县（市、区）有引种。

**入侵途径与扩散方式：** 有意引入。人为引种后逃逸扩散。

**生境与危害：** 生于花圃及路旁。逃逸后影响当地生物多样性。

**控制措施：** 控制引种。

# 矢车菊　\ *Centaurea cyanus* L.

**别名：** 蓝芙蓉

**形态特征：** 株高 30～70cm，全部茎枝灰白色，被薄蛛丝状卷毛。基生叶及下部茎叶长椭圆状倒披针形或披针形，全缘或提琴状羽裂，有柄；中部和上部叶条形，全缘或有疏锯齿，上表面稍有细毛或近无毛，下表面具白色长毛，无柄。头状花序在茎顶端排成伞房或圆锥花序，直径 4～6cm；总苞钟状；总苞片多层，外层较短，边缘篦齿状，内层椭圆形，中部以上边缘带紫色，边缘篦齿状；花冠近舌状，多裂，紫色、蓝色、淡红色或白色。瘦果椭圆形，有毛；冠毛刺毛状。

**识别要点：** 草本。茎枝灰白色，被薄蛛丝状卷毛；基生叶及下部茎叶长椭圆状倒披针形或披针形；头状花序在茎顶端排成伞房或圆锥花序；花蓝色、白色、淡红色或紫色；瘦果椭圆形。

**生物学与生态学特性：** 一年生草本，花果期 4～8月。种子繁殖。适应性较强，喜阳光充足的环境，不耐阴湿，较耐寒，喜冷凉，忌炎热。喜肥沃、疏松和排水良好的砂质土壤。

**原产地与分布：** 原产于欧洲。现归化于世界温带地区。我国多数省份有分布。甘肃各地公园有引种栽培。

**入侵途径与扩散方式：** 有意引入。人工引种扩散；种子亦可借助风力传播。

**生境与危害：** 生于山坡、田野、路边、房前屋后。为一般性杂草，危害较轻。全株有小毒。

**控制措施：** 控制于合适的栽培区；及时拔除病株，大面积可用除草剂防除。

# 菊苣 \ Cichorium intybus L.

**别名：** 苦苣、苦菜、皱叶苦苣、明目菜

**形态特征：** 株高 40～100cm。茎直立，单生，分枝开展或极开展，被稀疏的长而弯曲的糙毛或刚毛或几无毛。基生叶莲座状，大头状倒向羽状深裂或不分裂而边缘有稀疏的尖锯齿；茎生叶少数，较小，卵状倒披针形至披针形，无柄，基部圆形或戟形扩大半抱茎。头状花序单生于枝端或数个集生于叶腋；总苞圆柱状；总苞片 2 层；舌状小花蓝色，有色斑。瘦果倒卵状、椭圆状或倒楔形；冠毛极短，2 或 3 层，膜片状。

**识别要点：** 草本。茎直立，有条棱；基生叶莲座状；茎生叶少数，较小、卵状倒披针形至披针形；头状花序单生于枝端或数个集生于叶腋；总苞圆柱状；舌状小花蓝色。

**生物学与生态学特性：** 多年生草本，花果期 5～10月。种子繁殖。

**原产地与分布：** 原产于欧洲、亚洲西部、非洲北部。归化于亚洲东部和南部、非洲及美洲。我国分布于北京、甘肃、黑龙江、江西、辽宁、陕西、山西、山东、台湾、新疆、云南。甘肃分布于甘州区、庆城县、崆峒区。

**入侵途径与扩散方式：** 作为饲草或蔬菜有意引入。人工引种逃逸后扩散。

**生境与危害：** 生于荒地、草原、坡地、农田。为路边杂草。

**控制措施：** 控制引种。

# 剑叶金鸡菊 \ Coreopsis lanceolata L.

**别名：** 狭叶金鸡菊

**形态特征：** 株高 30～70cm。茎直立，无毛或基部被软毛，上部有分枝。基生叶簇生，有长柄，叶片匙形或线状倒披针形；茎上部叶少数，全缘或 3 深裂，裂片长圆形或线状披针形，顶裂片较大。头状花序在茎顶端单生；总苞片内外层近等长，披针形；舌状花黄色，舌片倒卵形或楔形；管状花狭钟形。瘦果圆形或椭圆形，边缘有宽翅，顶端有 2 短鳞片。

**识别要点：** 草本。基生叶簇生；头状花序在茎顶端单生；舌状花黄色；瘦果圆形或椭圆形。

**生物学与生态学特性：** 一年生草本，花果期 5～9 月。种子繁殖。耐寒，耐旱，对土壤要求不严，适应性强，对二氧化硫有较强的抗性。喜阳光充足的环境及排水良好的砂质土壤。

**原产地与分布：** 原产于北美洲。现归化于世界温带地区。我国多数省份有分布。甘肃甘州区、山丹县、高台县、城关区等地公园有引种栽培。

**入侵途径与扩散方式：** 作为花卉有意引入。人工引种传播。

**生境与危害：** 生于草地边缘、坡地、草坪。危害秋收作物和草坪。

**控制措施：** 控制引种，严禁引种于开阔地。

# 两色金鸡菊 / **Coreopsis tinctoria Nutt.**

**别名:** 蛇目菊、雪菊、天山雪菊

**形态特征:** 全株无毛。茎直立,上部分枝。叶对生,下部及中部叶二回羽状全裂,裂片线形或线状披针形,全缘,有长柄;上部叶无柄或下延成翅状柄。头状花序多数,花序梗长 2～4cm,排成伞房状或疏圆锥状;总苞半球形;总苞片外层长约 3mm,内层卵状长圆形,长 5～6mm;舌状花黄色,基部褐色,舌片倒卵形,长 0.8～1.5cm;管状花红褐色,窄钟形。瘦果长圆形或纺锤形,两面光滑或有瘤突,顶端有 2 细芒。

**识别要点:** 草本,全株无毛。舌状花黄色,基部褐色。

**生物学与生态学特性:** 一年生草本,花果期 5～10 月。种子繁殖。耐寒,耐旱,对土壤要求不严,适应性强。

**原产地与分布:** 原产于北美洲。世界温带地区广泛引种。我国多数省份有栽培。甘肃分布于肃州区、甘州区、城关区、麦积区、秦州区。

**入侵途径与扩散方式:** 作为花卉有意引入。人工引种扩散,栽培后逃逸传播。

**生境与危害:** 生于公园空地、林缘、房前屋后。种子萌发率高,适应性强,影响当地生物多样性。

**控制措施:** 控制于适宜栽培区。

# 秋英 \ *Cosmos bipinnatus* Cav.

**别名：** 大波斯菊、八瓣梅、格桑花

**形态特征：** 茎直立，多分枝，光滑或具微毛。叶对生，二回羽状全裂，裂片狭线形，全缘。头状花序着生在细长的花梗上，顶生或腋生，直径5～8cm；总苞片2层，内层边缘膜质；舌状花1轮，花瓣8，尖端齿状，有白色、粉色、深红色；筒状花黄色。瘦果。

**识别要点：** 草本。叶对生；舌状花1轮，花瓣8，尖端齿状。

**生物学与生态学特性：** 一年生草本，花期6～8月，果期9～10月。种子繁殖。喜光，耐贫瘠土壤，忌炎热，忌积水，对夏季高温不适应，不耐寒。适宜疏松肥沃和排水良好的土壤。

**原产地与分布：** 原产于墨西哥。北半球广泛引种。我国多数省份有分布。甘肃各地有栽培。

**入侵途径与扩散方式：** 作为花卉有意引入。人工引种或栽培扩散。

**生境与危害：** 生于田野、路边及园圃。影响当地生物多样性。

**控制措施：** 控制于适宜栽培区。

# 黄秋英 \ Cosmos sulphureus Cav.

**别名：** 黄花波斯菊、硫黄菊、黄芙蓉、硫华菊

**形态特征：** 株高 0.5～0.8m。茎直立而开展，多分枝。单叶对生，二回羽状深裂，裂片披针形，有短尖，叶缘粗糙。头状花序顶生或腋生，梗细长，单生或排成疏散伞房花序式的圆锥花序；总苞片 2 层，基部连合；舌状花花色由纯黄色、金黄色至橙黄色连续变化；管状花黄色至褐红色。瘦果有糙硬毛，有细长喙，棕褐色。

**识别要点：** 草本。茎多分枝；单叶对生，二回羽状深裂，裂片披针形，有短尖，叶缘粗糙。

**生物学与生态学特性：** 一年生草本，春播花期 6～8 月，夏播花期 9～10 月。种子繁殖。性强健，易栽培。喜阳光充足的环境，不耐寒。

**原产地与分布：** 原产于墨西哥。归化于世界温带地区。我国多数省份有分布。甘肃各地公园引种栽培。

**入侵途径与扩散方式：** 作为花卉有意引入。人工引种后逃逸扩散。

**生境与危害：** 生于荒野、草地。引种后逃逸为杂草。

**控制措施：** 控制引种于适宜区域。

# 野茼蒿 \ **Crassocephalum crepidioides** (Benth.) S. Moore

**别名：** 野地黄菊、革命菜、安南菜

**形态特征：** 株高 20～100cm。叶互生，卵形或长圆状椭圆形，先端渐尖，基部楔形，边缘有重锯齿或有时基部羽状分裂，两面近无毛。头状花序排成圆锥状生于枝顶；总苞圆柱形；总苞片 2 层，条状披针形，长约 1cm，边缘膜质，顶端有束状毛；花两性，管状，粉红色；花柱基部呈小球状。瘦果狭圆柱形，赤红色；冠毛白色，绢毛状。

**识别要点：** 直立草本。叶互生，稍肉质；总苞片 2 层，外层小；花全为两性，管状，粉红色。

**生物学与生态学特性：** 一年生直立草本，花果期 7～11 月。种子繁殖。

**原产地与分布：** 原产于非洲热带。现亚洲广泛归化。我国分布于澳门、福建、甘肃、广东、广西、贵州、湖北、湖南、江西、西藏、四川、香港、云南、浙江。甘肃分布于文县、武都区。

**入侵途径与扩散方式：** 无意引入。自然扩散。

**生境与危害：** 常生于荒地、路旁、林下和水沟边。为荒地上的常见杂草。危害果园及蔬菜。常沿道路及河岸蔓延，常侵入火烧迹地或砍伐迹地。

**控制措施：** 结实前拔除。

王辰 摄

王辰 摄

# 一年蓬　Erigeron annuus (L.) Pers.

**别名：** 野蒿、治疟草

**形态特征：** 株高 20～100cm，被平展粗毛。茎直立、上部分枝。基生叶丛生，叶片卵形或倒卵状披针形，先端尖或钝，基部狭窄下延，边缘有不规则粗齿；茎生叶披针形或条状披针形，叶柄向上渐短至无柄。头状花序排成疏圆锥状或伞房状；总苞半球形；外围的雌花舌状，舌片线形，白色或淡蓝紫色；中央的两性花管状，黄色。瘦果长圆形，边缘翅状；冠毛污白色，刚毛状。

**识别要点：** 草本，被平展粗毛。外围的雌花舌状，舌片线形，白色或淡蓝紫色；中央的两性花管状，黄色。

**生物学与生态学特性：** 一年生或二年生草本，花期 6～8 月，果期 8～10 月。种子繁殖。喜肥沃向阳的土壤，在贫瘠的土壤上也能生长。

**原产地与分布：** 原产于北美洲。现广布于北半球温带和亚热带地区。我国多数省份有分布。甘肃分布于肃州区、麦积区、秦州区、文县、康县、榆中县。

**入侵途径与扩散方式：** 无意引入或自然扩散进入。随风扩散。

**生境与危害：** 生于山坡、田野。本种蔓延迅速，发生量大，常危害经济作物，亦可入侵草原、牧场、苗圃，排挤本土植物。本种也是害虫地老虎的宿主。

**控制措施：** 人工铲除；可用草甘膦、2 甲 4 氯、麦草畏等进行化学防除。

# 香丝草 \ Erigeron bonariensis L.

**别名:** 野塘蒿

**形态特征:** 株高 30～80cm, 被疏长毛及贴生的短毛, 灰绿色。茎下部叶有柄, 披针形, 边缘具稀疏锯齿; 上部叶无柄, 线形或线状披针形, 全缘或偶有齿裂。头状花序直径 0.8～1cm, 集成圆锥状; 总苞片 2 或 3 层, 线状披针形; 外围花雌性, 细管状, 白色; 中央花两性, 管状, 微黄色, 顶端 5 齿裂。瘦果长圆形; 冠毛淡红褐色, 刚毛状。

**识别要点:** 草本。植株灰绿色, 被贴生的短毛和疏长毛; 茎生叶线形或线状披针形, 被灰白色短糙毛; 总苞长约 5mm; 冠毛 1 层, 淡红褐色。

**生物学与生态学特性:** 一年生或二年生草本, 秋冬季或翌年春季出苗, 花果期 5～10 月。种子繁殖。

**原产地与分布:** 原产于南美洲。现广布于世界热带及亚热带地区。我国多数省份有分布。甘肃分布于成县、徽县、文县、武都区。

**入侵途径与扩散方式:** 无意引入。随风扩散或随人类活动传播。

**生境与危害:** 生于荒地、田边、河畔、路旁及山坡草地。发生量大, 危害重, 是路旁、宅边及荒地发生数量较大的杂草之一。

**控制措施:** 结实前人工铲除。

刘全儒 摄

# 小蓬草 Erigeron canadensis L.

**别名：** 小飞蓬、小白酒菊、加拿大飞蓬

**形态特征：** 植株绿色。茎直立，高 40～120cm，多少疏被长硬毛。茎下部叶倒披针形，顶端尖或渐尖，基部渐狭成柄，边缘具疏锯齿或全缘；茎中部和上部叶较小，线状披针形或线形，疏被短毛。头状花序排成顶生多分枝的圆锥花序；总苞近圆柱状；总苞片 2 或 3 层，黄绿色，线状披针形或线形；外围花雌性，细筒状，长约 3mm，白色或带紫色；管状花檐部多 4 齿裂。瘦果长圆形；冠毛污白色。

**识别要点：** 草本。植株绿色；茎疏被长硬毛；叶密集，倒披针形至披针形，边缘具疏锯齿或全缘，疏被短毛；头状花序小，直径 3～4mm。

**生物学与生态学特性：** 一年生或二年生草本，花果期 5～10 月。种子繁殖。以幼苗或种子越冬。

**原产地与分布：** 原产于北美洲。现世界各大洲广泛分布。我国各省份均有分布。甘肃分布于麦积区、文县、崆峒区、榆中县、山丹县、康县、徽县、康乐县、舟曲县、迭部县、夏河县。

**入侵途径与扩散方式：** 随人类或动物活动无意引入。随带土苗木传播或自然传播。

**生境与危害：** 生于山坡草地、牧场或林缘。为常见的杂草。本种能产生大量瘦果，借助冠毛随风扩散，蔓延极快，对秋收作物、果园和茶园的危害严重。可分泌化感物质抑制邻近其他植物的生长。

**控制措施：** 苗期人工拔除；可在苗期使用绿麦隆，或在早春使用 2,4-D-丁酯进行化学防除。

# 苏门白酒草　Erigeron sumatrensis Retz.

**别名：**苏门白酒菊

**形态特征：**株高 80～150cm，全株灰绿色。茎直立，上部分枝，被灰白色短糙毛和开展的疏柔毛。茎下部叶倒披针形或披针形，顶端尖或渐尖，基部渐狭成柄，边缘上部具疏的粗锯齿，下部全缘；中部和上部叶较小，两面尤其是下表面被密的短糙毛。头状花序排成顶生多分枝的圆锥花序；总苞近短圆柱状；总苞片 3 层，灰绿色，线状披针形或线形，被短糙毛；外围花雌性，多层，细筒状，顶端舌片淡黄色或淡紫色；管状花檐部 5 齿裂。瘦果线状披针形；冠毛 1 层，初白色，后变为黄褐色。

**识别要点：**草本。植株灰绿色；茎粗壮，高可达 1.5m；叶密集，叶缘锯齿较粗大；冠毛 1 层，初白色，后变为黄褐色。

**生物学与生态学特性：**一年生或二年生草本，花果期 5～10 月。种子繁殖。以幼苗或种子越冬。

**原产地与分布：**原产于南美洲。现世界热带和亚热带地区广布。我国多数省份有引种。甘肃分布于秦州区、麦积区、文县、康县、徽县。

**入侵途径与扩散方式：**无意引入。随种子携带传播及自然扩散。

**生境与危害：**常生于山坡草地、旷野、荒地、田边、河谷、沟边和路旁。为常见的杂草。本种能产生大量瘦果，借助冠毛随风扩散，蔓延极快，对秋收作物、果园和茶园的危害严重。可分泌化感物质抑制邻近其他植物的生长。

**控制措施：**在种子成熟之前人工拔除或化学防除。

## 天人菊　　Gaillardia pulchella Foug.

**别名：** 老虎皮菊、虎皮菊

**形态特征：** 株高 30～80cm。茎中部以上多分枝，被柔毛或锈色毛。下部叶匙形或倒披针形，边缘波状钝齿、浅裂或琴状分裂，近无柄；上部叶长椭圆形、倒披针形或匙形，全缘或上部有疏锯齿或中部以上 3 浅裂，基部无柄或心形半抱茎；叶两面被伏毛。头状花序径约 5cm；总苞片披针形，边缘有长缘毛，背面有腺点，基部密被长柔毛；舌状花黄色，基部带紫色，舌片宽楔形，先端 2 或 3 裂；管状花裂片三角形，顶端芒状，被节毛。瘦果基部被长柔毛；冠毛长约 5mm。

**识别要点：** 草本。茎被柔毛或锈色毛；舌状花黄色，基部带紫色。

**生物学与生态学特性：** 一年生草本，花果期 6～8 月。种子繁殖。果实具冠毛，易于随风传播。

**原产地与分布：** 原产于北美洲。现世界温带及亚热带地区广为种植。我国分布于安徽、澳门、甘肃、福建、河南、江苏、陕西、四川、台湾、浙江、新疆。甘肃甘州区、凉州区、城关区、秦州区、麦积区等地有引种。

**入侵途径与扩散方式：** 作为花卉有意引入。引种后逃逸扩散。

**生境与危害：** 生于路旁、荒地或公园废弃地。具化感作用，影响当地生物多样性。

**控制措施：** 在逸生植株成熟前清除。

# 牛膝菊 \ *Galinsoga parviflora* Cav.

**别名：**辣子草、铜锤草、珍珠草、向阳花

**形态特征：**茎直立，不分枝或基部分枝，散生贴伏的短柔毛和腺状短柔毛。叶对生，卵形或长圆状卵形，基出 3 脉，两面疏被白色贴伏柔毛。头状花序多数排列成疏散的聚伞花序；总苞半球形；总苞片 2 层，覆瓦状排列，5～7 片，长椭圆形或长卵形；外围花 5 朵，雌性，舌状，白色，先端 3 齿裂，外面密被柔毛；中央花多数，管状，黄色；花托圆锥形，托片膜质。瘦果倒卵状锥形，三棱。

**识别要点：**草本。全株被疏散或上部被稠密贴伏短柔毛和少量腺毛；叶片边缘具浅或钝锯齿或波状浅锯齿。

**生物学与生态学特性：**一年生草本，花期 7～8 月，果期 8～9 月，种子繁殖。喜冷凉气候。在土壤肥沃而湿润的地带生长旺盛。

**原产地与分布：**原产于南美洲。现已在全球温带至热带地区广泛归化。我国多数省份归化。甘肃多数县（市、区）有分布。

**入侵途径与扩散方式：**随人类或动物活动无意引入。易随带土苗木传播。

**生境与危害：**生于山坡、草地、河谷、疏林、田间、路旁、果园或宅旁。危害秋收作物、蔬菜、果树。

**控制措施：**加强检疫；可用 2 甲 4 氯、麦草畏等防除。

# 粗毛牛膝菊 \ **Galinsoga quadriradiata** Ruiz & Pavon

**别名：**粗毛辣子草、粗毛小米菊、向阳花、珍珠草

**形态特征：**株高 10～80cm。茎多分枝。叶对生，两面被长柔毛，边缘有粗锯齿或牙齿。头状花序半球形、顶生或腋生，排成松散的伞房花序；总苞半球形或宽钟状；总苞片 2 层，外层苞片绿色，长椭圆形，背面密被腺毛，内层苞片近膜质；外围花 5 朵，全为舌状花，雌性，舌片白色，顶端 3 齿裂，筒部细管状，外面被稠密白色短毛；管状花黄色，两性，顶端 5 齿裂；花托圆锥形；托片膜质，披针形，边缘具不等长纤毛。瘦果黑色或黑褐色，被白色微毛。

**识别要点：**草本。茎枝及花序以下被稠密的长柔毛；叶片边缘具粗锯齿或牙齿。

**生物学与生态学特性：**一年生草本，花果期 5～10 月。营养繁殖和种子繁殖。

**原产地与分布：**原产于南美洲。现分布于欧洲、亚洲、非洲、美洲和大洋洲。归化于我国多数省份。甘肃多数县（市、区）有分布。

**入侵途径与扩散方式：**无意引入。随人类或动物活动扩散。

**生境与危害：**生于农田和荒地。本种具有种子量大、生长快速、蔓延迅速等特点，是一种难以去除的杂草。其适应能力强，发生量大，易随带土苗木传播，对农田作物、蔬菜和果树等都有严重影响。

**控制措施：**加强检疫；可用 2 甲 4 氯、麦草畏等防除。

# 菊芋 \ Helianthus tuberosus L.

**别名：**洋姜、洋生姜、鬼子姜

**形态特征：**株高 1～3m，具块状地下茎。茎直立，上部分枝，被短糙毛或刚毛。基部叶对生，上部叶互生；有叶柄，叶柄上部有狭翅；叶片卵形至卵状椭圆形，下面被柔毛，具 3 脉。头状花序数个，生于枝端，有 1 或 2 个线状披针形的苞叶；总苞片披针形或线状披针形，开展；舌状花中性，淡黄色；管状花两性，花冠黄色、棕色，裂片 5。瘦果楔形；冠毛上端常有 2～4 个具毛的扁芒。

**识别要点：**高大草本，具块状地下茎。基部叶对生，上部叶互生；头状花序数个，生于枝端；舌状花中性，淡黄色；瘦果楔形；冠毛上端常有 2～4 个具毛的扁芒。

**生物学与生态学特性：**多年生草本，花果期 7～10 月。种子繁殖。耐寒，抗旱，耐瘠薄，对土壤要求不严，在一些不宜种植其他作物的地方（如废墟、宅边、路旁）都可生长。

**原产地与分布：**原产于北美洲。现广泛引种并归化于世界温带地区。我国多数省份有引种。甘肃多数县（市、区）有引种栽培。

**入侵途径与扩散方式：**作为饲用、药用、观赏植物有意引入。人工引种逃逸后扩散。

**生境与危害：**生于路旁、园圃。为逸生杂草。植株含毒素，可影响牲畜繁殖。

**控制措施：**严格控制引种，加强利用研究。

## 野莴苣　*Lactuca serriola* L.

**别名：** 刺莴苣、毒莴苣、银齿莴苣

**形态特征：** 株高 50～100cm。茎直立，单生。茎生叶倒披针形或长椭圆形，倒向羽状或羽状浅裂、半裂或深裂，侧裂片 3～6 对，镰刀形、三角状镰刀形或卵状镰刀形，基部箭头状抱茎，全部叶或裂片边缘有刺齿或全缘，下面沿中脉有黄色刺毛。头状花序排成圆锥花序；总苞长卵球形；总苞片背面无毛，有时紫红色，外层三角形或椭圆形、中层披针形，内层线状长椭圆形；舌状花黄色。瘦果倒披针形，浅褐色，每面有 6～8 条细肋，顶端喙细丝状。

**识别要点：** 高大草本。叶裂片多镰刀形或卵状镰刀形；大型圆锥花序；舌状花黄色。

**生物学与生态学特性：** 一年生高大草本，花果期 6～8 月。种子繁殖。

**原产地与分布：** 原产于地中海地区。现世界各大洲广布。我国多数省份有分布。甘肃分布于崆峒区、庆城县等地。

**入侵途径与扩散方式：** 无意引入，随作物种子挟带传入。种子借风力传播扩散。

**生境与危害：** 生于荒地、路边、河滩石砾地。全株有毒，误食可危害人及牲畜健康；影响入侵地生物多样性及作物品质。

**控制措施：** 加强检验检疫；种子成熟前清除。

# 滨菊 \ **Leucanthemum vulgare Lam.**

**别名：**西洋滨菊、白花菊、法国菊

**形态特征：**株高 30～80cm。茎直立，常不分枝，被绒毛或卷毛至无毛。基生叶花期生存，长椭圆形、倒披针形、倒卵形或卵形；中下部茎生叶长椭圆形或线状长椭圆形，向基部收窄，耳状或近耳状扩大半抱茎，中部以下或近基部有时羽状浅裂；上部叶渐小，有时羽状全裂。头状花序单生于茎顶，有长花梗，或 2～5 个头状花序，排成疏松伞房状；舌状花白色。瘦果无冠毛或舌状花有长达 0.4mm 的侧缘冠齿。

**识别要点：**草本。茎直立，常不分枝；基生叶长椭圆形、倒披针形、倒卵形或卵形，中下部茎生叶长椭圆形或线状长椭圆形；头状花序单生于茎顶，

或 2～5 个头状花序，排成疏松伞房状。

**生物学与生态学特性：**多年生草本，花果期 5～10 月。种子繁殖。适宜背风、向阳、无积水的环境。喜砂质土壤。

**原产地与分布：**原产于欧洲。在北美洲、大洋洲及亚洲广泛引种并归化。我国分布于福建、甘肃、河北、河南、江苏、江西、台湾。甘肃分布于甘州区、城关区、秦州区、麦积区、庆城县、崆峒区等地。

**入侵途径与扩散方式：**作为花卉有意引入。人工引种扩散。

**生境与危害：**生于山坡草地或河边、庭院。为一般性杂草，未形成危害。

**控制措施：**控制引种。

# 黑心菊 \ **Rudbeckia hirta** L.

**别名：** 黑眼菊、黑心金光菊

**形态特征：** 株高 60～100cm，全株被刺毛。茎下部叶长卵圆形、长圆形或匙形，基部楔形下延，边缘有细锯齿，叶柄具翅；上部叶长圆状披针形，两面被白色密刺毛，边缘有疏齿或全缘，无柄或具短柄。头状花序径 5～7cm，花序梗长；总苞片外层长圆形，内层披针状线形，被白色刺毛；花序托隆起，半球形，紫褐色，托片线形，对折成龙骨瓣状，边缘有纤毛；舌状花鲜黄色，舌片长圆形，10～14个，先端有 2 或 3 个不整齐短齿；管状花褐紫色或黑紫色。瘦果四棱形，黑褐色；无冠毛。

**识别要点：** 草本。舌状花单轮，鲜黄色；管状花褐紫色或黑紫色；花序托隆起，呈半球形。

**生物学与生态学特性：** 一年生草本，花果期 6～10月。种子繁殖。适应性强。

**原产地与分布：** 原产于北美洲。现归化于世界温带地区。我国各省份引种栽培。甘肃各地公园栽培供观赏。

**入侵途径与扩散方式：** 作为花卉有意引入。人工引种栽培后逃逸。

**生境与危害：** 生于草地、栽培地。栽培逃逸后影响当地生物多样性。

**控制措施：** 控制在适宜区栽培。

# 金光菊 　Rudbeckia laciniata L.

**别名：**黑眼菊

**形态特征：**株高 50～200cm。茎上部有分枝。叶互生，无毛或被疏短毛；下部叶具叶柄，不分裂或羽状 5～7 深裂，裂片长圆状披针形，顶端尖，边缘具不等的疏锯齿或浅裂；中部叶 3～5 深裂；上部叶不分裂，卵形，顶端尖，全缘或有少数粗齿。头状花序单生于枝顶，花序梗长，7～12cm；总苞半球形；总苞片 2 层，长圆形，长 7～10mm，上端尖，稍弯曲；花序托球形；托片顶端截形；舌状花金黄色，舌片倒披针形，长约为总苞片的 2 倍；管状花花冠黄色或黄绿色。瘦果无毛，压扁，稍具 4 棱，顶端有 4 齿小冠。

**识别要点：**草本。叶互生，茎下部叶 5～7 深裂，中部叶 3～5 深裂，上部叶不分裂；管状花花冠黄色或黄绿色。

**生物学与生态学特性：**多年生草本，花期 7～10 月。分株繁殖或播种繁殖。耐瘠薄，抗性强。

**原产地与分布：**原产于北美洲。现世界温带及亚热带地区广为引种。我国多数省份有引种栽培。甘肃各地公园栽培供观赏。

**入侵途径与扩散方式：**作为花卉有意引入。人工引种栽培后逃逸扩散。

**生境与危害：**生于公园及庭院。栽培逃逸后影响当地生物多样性。

**控制措施：**控制在适宜区栽培。

# 欧洲千里光 \ Senecio vulgaris L.

**别名：** 欧千里光、欧洲狗舌草

**形态特征：** 株高 12～45cm。茎直立，多分枝，近无毛或被蛛丝状毛。叶互生，基生叶倒卵状匙形，先端钝；茎生叶长圆形，羽状浅裂至深裂，基部半抱茎，上部叶较小。头状花序无舌状花，排成顶生伞房花序；总苞片线形，顶端具黑色长尖；管状花花冠黄色，檐部漏斗状，5 裂。瘦果圆柱形，长 2～3mm，沿肋有微毛；冠毛白色。

**识别要点：** 草本。植株稍带肉质；茎生叶长圆形，羽状浅裂至深裂；头状花序全为管状花，黄色。

**生物学与生态学特性：** 一年生草本，花果期 4～10 月。种子繁殖。繁殖能力强。

**原产地与分布：** 原产于欧洲。现归化于世界温带地区。我国多数省份有分布。甘肃分布于肃州区、肃南裕固族自治县、民乐县、山丹县、夏河县。

**入侵途径与扩散方式：** 无意引入。自然传播。

**生境与危害：** 生于山坡、草地、农田、果园及路旁潮湿处。本种对某些除草剂有抗性，可在果园、茶园、草坪、夏收作物田中迅速蔓延，造成危害。

**控制措施：** 开花前人工拔除。

## 水飞蓟 \ **Silybum marianum** (L.) Gaertn.

**别名：** 老鼠筋、奶蓟、水飞雉

**形态特征：** 株高可达 1.5m。茎直立，有白色粉质覆被物。莲座状基生叶与下部茎生叶有柄，椭圆形或倒披针形，羽状浅裂至全裂；中部与上部叶渐小，羽状浅裂或边缘浅波状圆齿裂，最上部茎生叶小，不裂，披针形；叶缘具针刺，叶面具大的白色花斑。头状花序生于枝端；总苞球形或卵圆形，中外层苞片革质，上部扩大成圆形、三角形、近菱形或三角形的坚硬的叶质附属物，附属物边缘或基部有硬刺，内层苞片线状披针形，上部无叶质附属物；小花红紫色，稀白色。瘦果扁，长椭圆形或长倒卵圆形；冠毛白色，锯齿状，最内层冠毛极短，柔毛状。

**识别要点：** 草本。叶缘具针刺，叶面具白色花斑；头状花序中外层总苞片具坚硬的叶质附属物，附属物边缘或基部有硬刺。

**生物学与生态学特性：** 在甘肃为一年生草本，花果期 5～10 月。种子繁殖。种子成熟度高，萌发力强。

**原产地与分布：** 原产于地中海地区。现分布于欧洲、非洲北部及亚洲东部和中部。我国分布于安徽、福建、甘肃、河北、江苏、辽宁、山东、上海、四川、云南、浙江。甘肃分布于甘州区、庆城县、崆峒区。

**入侵途径与扩散方式：** 作为观赏植物引入。各地公园、植物园或庭院引种栽培后逃逸扩散。

**生境与危害：** 分布于田间地头、路边、公园废弃地。果实具冠毛，易于传播，种子萌发率高，易于形成居群，影响当地生物多样性。

**控制措施：** 加强管护，慎重引种；种子成熟前人工拔除。

# 续断菊　Sonchus asper (L.) Hill

**别名：** 花叶滇苦菜、石白头

**形态特征：** 茎中空，直立，高 20～50cm，下部无毛或上部及花梗被头状具柄的腺毛。基生叶与茎生叶同型，较小；中下部茎生叶长椭圆形、倒卵形、匙状或匙状椭圆形，柄基耳状抱茎或基部无柄；上部茎生叶披针形，不裂，基部扩大，圆耳状抱茎；或下部叶或全部茎生叶羽状浅裂、半裂或深裂。头状花序在茎枝顶端排成稠密的伞房花序；总苞宽钟状；总苞片 3 或 4 层；全部苞片顶端急尖，外面光滑无毛；舌状小花黄色。瘦果倒披针状，褐色。

**识别要点：** 草本。茎单生或少数茎簇生；中下部茎生叶基部耳状抱茎或基部无柄；头状花序排成伞房花序；舌状小花黄色。

**生物学与生态学特性：** 一年生草本，花果期 5～10月。种子繁殖。

**原产地与分布：** 原产于欧洲。现欧洲、亚洲、非洲、美洲、大洋洲有分布。我国多数省份有分布。甘肃分布于秦州区、麦积区、康县、徽县、崆峒区、庆城县、合作市、夏河县。

**入侵途径与扩散方式：** 无意引入或自然扩散进入。自然扩散。

**生境与危害：** 生于山坡、林缘及水边。为杂草。危害作物、草坪、影响景观。

**控制措施：** 人工清除；用除草通、史泰隆、麦草畏等除草剂防除。

# 钻叶紫菀 Symphyotrichum subulatum (Michx.) G. L. Nesom

**别名：** 窄叶紫菀、美洲紫菀、钻形紫菀

**形态特征：** 株高可达 100cm。茎有条棱，稍肉质，上部略分枝。基生叶倒披针形，花后凋落；茎中部叶线状披针形，主脉明显，无柄，上部叶渐狭窄，全缘，无柄。头状花序多数在茎顶端排成圆锥状；总苞钟状；总苞片 3 或 4 层，外层较短，内层较长，线状钻形，边缘膜质，无毛；舌状花淡红色，长与冠毛相等或稍长；管状花多数，花冠短于冠毛。瘦果长圆形或椭圆形，有 5 纵棱；冠毛淡褐色。

**识别要点：** 草本。基生叶倒披针形，茎中部叶线状披针形；舌状花淡红色；管状花花冠短于冠毛。

**生物学与生态学特性：** 一年生草本，花果期 9～11 月。种子繁殖。每株可产生大量瘦果，果具冠毛，随风散布。喜生于潮湿的土壤，也能在沼泽地或含盐的土壤上生长。

**原产地与分布：** 原产于北美洲。现归化于世界各地。我国分布于重庆、四川、安徽、浙江、贵州、湖南、福建、上海、江苏、广东、广西、北京、海南、河南、甘肃。甘肃分布于秦州区、麦积区、康县、成县。

**入侵途径与扩散方式：** 无意引入。自然扩散。

**生境与危害：** 常沿河岸、沟边、洼地、路边、海岸蔓延。侵入农田危害作物，还常侵入浅水湿地，影响湿地生态系统及其景观。

**控制措施：** 开花前拔除。

## 万寿菊　*Tagetes erecta* L.

**别名：**臭芙蓉、臭菊花、孔雀菊、孔雀草、红黄草

**形态特征：**株高 50～100cm。茎直立，有纵棱，上部多分枝。叶通常对生，叶片羽状全裂，裂片长椭圆形或披针形，边缘具锐锯齿，上部叶裂片的齿端有长细芒，沿叶缘有少数腺体，有强烈臭味。头状花序单生，花序梗顶端棍棒状膨大；总苞杯状；总苞片 8～10，合生，近革质，顶端具齿尖；舌状花花色有红褐色、黄褐色、淡黄色、杂紫红色等，舌片倒卵形，边缘波状皱缩，顶端微凹，基部收缩成长爪；管状花黄色，顶端 5 齿裂。瘦果线形，黑色或褐色。

**识别要点：**草本。叶对生或互生，羽状全裂，沿叶缘有少数腺体，有强烈臭味；头状花序单瓣或重瓣，舌状花花色有红褐色、黄褐色、淡黄色、杂紫红色等。

**生物学与生态学特性：**一年生草本，花果期 7～10 月。种子繁殖。

**原产地与分布：**原产于墨西哥和中美洲。现美洲、亚洲、非洲、欧洲有分布。我国归化于各省份。甘肃各县（市、区）引种栽培。

**入侵途径与扩散方式：**作为花卉有意引入。人工引种扩散。

**生境与危害：**生于路旁、花坛。影响当地生物多样性。栽培区已发现多种病害。

**控制措施：**控制引种到适宜生长区域。

# 意大利苍耳 \ *Xanthium italicum* Moretti

**形态特征：** 株高 60～120cm。茎直立，粗壮，基部木质化，具粗糙短毛，有紫色斑点。单叶互生，或茎下部叶近于对生；叶片三角状卵形至宽卵形，3～5 浅裂，有 3 条主脉，边缘具不规则的齿或裂，两面被短硬毛。头状花序单性，雌雄同株；雄花序生于雌花序的上方；雌花序具 2 花；总苞结果时长圆形，外面特化成倒钩刺，刺上被白色透明的刚毛和短腺毛。

**识别要点：** 草本。叶具粗糙短毛，有 3 条主脉；总苞结果时外面特化成倒钩刺，刺上被白色透明的刚毛和短腺毛。

**生物学与生态学特性：** 一年生草本，7 月开始开花，8～9 月果实成熟，9 月底植株陆续枯死，单株结实数为 150～2000。抗逆性强，可长期忍受盐碱及频繁的水涝环境。

**原产地与分布：** 原产于北美洲。在中美洲、南美洲、欧洲、非洲、亚洲及大洋洲归化。我国分布于安徽、北京、甘肃、河北、黑龙江、辽宁、吉林、山东、新疆、宁夏、陕西。甘肃分布于甘州区、靖远县、秦州区、麦积区、崆峒区。

**入侵途径与扩散方式：** 无意引入。果实具细钩刺，常随人类与动物活动传播，或混于作物种子传播。

**生境与危害：** 多生于田间、路旁、荒地、牧场、河岸、湿润草地、沙滩等处，少见于山区。在发生地区常常迅速蔓延，一旦进入农田，便与作物争夺生存空间，从而使作物受到影响造成减产。此外，本种果实有刺，容易挂在羊毛上，且较难清除，会显著减少羊毛产量。幼苗有毒，牲畜误食会造成中毒。

**控制措施：** 加强检疫；人工清除；用 72% 的 2,4-D-丁酯乳油（50ml/亩，1 亩≈666.67m$^2$）、25% 的灭草松水剂（400ml/亩）或 20% 的使它隆乳油（60ml/亩）在意大利苍耳 4～5 叶期进行茎叶处理，可达到良好的防除效果。

# 刺苍耳 \ Xanthium spinosum L.

**形态特征：** 株高40～120cm。茎直立，上部多分枝，节上具三叉状棘刺。叶狭卵状披针形或阔披针形；叶柄细，被绒毛。花单性，雌雄同株；雄花序球状，生于上部，总苞片1层，雄花管状，顶端裂，雄蕊5；雌花序卵形，生于雄花序下面，总苞囊状，具钩刺，先端具2喙，内有2朵无花冠的花，花柱线形，柱头2深裂；总苞内有2个长椭圆形瘦果。

**识别要点：** 草本。节上具三叉状棘刺；花单性，雌雄同株；雄花序球状，生于上部；雌花序卵形，生于雄花序下面；总苞内有2个长椭圆形瘦果。

**生物学与生态学特性：** 一年生草本，花期8～9月，果期9～10月。种子繁殖。

**原产地与分布：** 原产于南美洲。在北美洲、欧洲、非洲、亚洲、大洋洲归化。我国分布于安徽、北京、甘肃、河北、河南、湖南、吉林、辽宁、内蒙古、宁夏、新疆、云南。甘肃分布于靖远县、庆城县、崆峒区、泾川县、秦州区、麦积区、秦安县、甘谷县、陇西县。

**入侵途径与扩散方式：** 无意引入。果实具细钩刺，常随人类与动物活动传播，或混杂于作物种子中传播。

**生境与危害：** 常生于路边、荒地和旱作物地。为杂草。侵入农田，危害作物生长。

**控制措施：** 结果前拔除；加强检疫，特别是防止随羊毛交易带入。

## 百日菊　Zinnia elegans Jacq.

**别名：** 百日草

**形态特征：** 株高 30～100cm。茎直立。叶对生；叶片宽卵圆形或长圆状椭圆形，全缘，基部稍心形抱茎，基出 3 脉。头状花序单生于枝端；总苞宽钟状；总苞片多层，宽卵形或卵状椭圆形；舌状花深红色、玫瑰色、紫堇色或白色，舌片倒卵圆形，先端 2 或 3 齿裂或全缘，上面被短毛，下面被长柔毛；管状花黄色或橙色，先端裂片卵状披针形，上面被黄褐色密茸毛。雌花瘦果倒卵圆形，扁平；管状花瘦果倒卵状楔形，极扁。

**识别要点：** 草本。茎直立，被短毛；叶对生，有短刺毛，宽卵圆形或长圆状椭圆形，叶基抱茎，全缘；头状花序顶生；舌状花舌片倒卵圆形，顶端稍向后翻卷，有深红色、玫瑰色、紫堇色或白色等；管状花顶端 5 裂，黄色或橙色，花柱 2 裂或有斑纹，或瓣基有色斑。

**生物学与生态学特性：** 一年生草本，花期 6～9 月，果期 7～10 月。种子繁殖。性强健，耐干旱，喜阳光，喜肥沃深厚的土壤。忌酷暑。

**原产地与分布：** 原产于墨西哥。归化于北美洲、南美洲及亚洲。我国多数省份引种。甘肃各地引种栽培。

**入侵途径与扩散方式：** 作为花卉有意引入。人工引种后逃逸扩散。

**生境与危害：** 生于荒地、路边、沟边或田间。影响当地生物多样性。

**控制措施：** 控制引种。如发现本种种群增长速度加快，需人工拔除。

## 多花百日菊　*Zinnia peruviana* L.

**别名：** 山菊花、多花百日草、野百日菊、五色梅

**形态特征：** 株高 50～70cm。茎直立，上部二歧状分枝，被粗糙毛或长柔毛。叶对生，披针形或狭卵状披针形，基部圆形半抱茎，基出 3 脉。头状花序生于枝端，排列成伞房状圆锥花序；花序梗膨大中空圆柱状；总苞钟状；总苞片多层，长圆形，边缘稍膜质；舌状花黄色、紫红色或红色，舌片椭圆形，全缘或先端 2 或 3 齿裂；管状花红黄色，先端 5 裂，裂片长圆形，上面被黄褐色密绒毛。管状花瘦果长圆状楔形，极扁有 1 或 2 个芒刺。

**识别要点：** 草本。叶对生，全缘，无柄；头状花序生于枝端，排列成伞房状圆锥花序；花序梗膨大中空圆柱状；舌状花黄色、紫红色或红色。

**生物学与生态学特性：** 一年生草本，花期 6～10 月，果期 7～11 月。种子繁殖。

**原产地与分布：** 原产于墨西哥。归化于北美洲、南美洲及亚洲。我国多数省份引种。甘肃各地引种栽培。

**入侵途径与扩散方式：** 作为花卉有意引入。人工引种后逃逸扩散。

**生境与危害：** 生于公园、山坡、草地、河滩或路边。大量生长会影响当地生物多样性。

**控制措施：** 控制引种。如发现本种种群增长速度加快，对当地生物多样性造成危害，须组织人工拔除。

刘全儒 摄

# 》 伞形科 Apiaceae

## 野胡萝卜 　Daucus carota L.

**别名：** 鹤虱草、假胡萝卜

**形态特征：** 株高 20～120cm。茎单生，有白色粗硬毛。基生叶长圆形，二至三回羽状分裂，末回裂片线形或披针形，先端尖锐；茎生叶的叶柄短，基部鞘状。复伞形花序；总苞多数，叶状，羽状分裂；花小，白色或淡紫红色；萼片 5，窄三角形；花瓣 5，大小不等，倒卵形，先端凹陷；子房下位。双悬果卵圆形，具 4 条棱，棱上有短钩刺。

**识别要点：** 草本，揉之有胡萝卜味。叶二至三回羽状分裂；复伞形花序；花瓣 5，白色或淡紫红色；双悬果卵圆形，棱上有短钩刺。

**生物学与生态学特性：** 二年生草本，花期 5～7 月，果期 8～9 月。种子繁殖。喜湿润，耐旱。

**原产地与分布：** 原产于欧洲。现分布于欧洲及亚洲。我国多数省份有分布。甘肃分布于凉州区、会宁县、秦州区、麦积区、舟曲县、康县、文县。

**入侵途径与扩散方式：** 无意引入。果实常混入胡萝卜果实中传播。种子表面具钩刺，可挂在动物皮毛或鸟类羽毛上传播扩散。

**生境与危害：** 生于田野、荒地、山坡、路旁、农田或灌丛中。是常见农田杂草，为胡萝卜地里的拟态杂草。可通过化感作用影响邻近本土植物生长。

**控制措施：** 在发生较多的农田或地区，合理组织作物轮作，加强田间管理及中耕除草；可用赛克嗪等除草剂防除。

# 》主要参考文献

白增福, 张志华, 陈学林, 等. 2023. 甘肃省被子植物新记录11 种1 亚种. 植物资源与环境学报, 32(6): 93-95.

曹慕岚, 罗群, 张红, 等. 2007. 入侵植物加拿大飞蓬(Erigeron canadensis L.) 生理生态适应初探. 四川师范大学学报(自然科学版), 30(3): 387-390.

车晋滇, 胡彬. 2007. 外来入侵杂草意大利苍耳. 杂草科学, 25(2): 58-59, 57.

陈华玲, 彭玉辅, 赵华, 等. 2014. 柳叶马鞭草繁殖技术研究初报. 江西农业学报, 26(12): 54-58.

陈丽萍, 曹慕岚, 马丹炜. 2008. 入侵植物加拿大蓬遗传毒性的初步研究. 四川师范大学学报(自然科学版), 31(3): 372-375.

高海宁, 张永, 马占仓, 等. 2016. 入侵植物芒颖大麦在甘肃省的分布. 河西学院学报, 32(5): 69-71.

高红明, 陈静, 淮虎银. 2006. 两种密度条件下阿拉伯婆婆纳营养生长对其有性繁殖的影响. 扬州大学学报(农业与生命科学版), 27(1): 81-84.

高霞莉, 毛一梦, 王爱民. 2012. 四种苋属植物种子萌发对策的研究. 种子, 31(7): 51-53, 64.

顾建中, 史小玲, 向国红, 等. 2008. 外来入侵植物斑地锦生物学特性及危害特点研究. 杂草科学, (1): 19-22, 42.

郭水良, 耿贺利. 1998. 麦田波斯婆婆纳化除及其方案评价. 农药, 37(6): 27-30.

郭艳超, 孙昌禹, 王文成, 等. 2014. 柳叶马鞭草耐盐性评价研究. 北方园艺, (2): 79-81.

郝建华, 强胜, 杜康宁, 等. 2010. 十种菊科外来入侵种连萼瘦果风力传播的特性. 植物生态学报, 34(8): 957-965.

何文章. 2000. 毒麦化学防除技术研究. 安徽农业科学, 28(1): 63-64.

贺俊英, 徐萌萌, 张子义, 等. 2019. 入侵植物牛膝菊(Galinsoga parviflora Cav.) 对植物多样性的影响. 干旱区资源与环境, 33(7): 147-151.

淮虎银, 张彪, 张桂玉, 等. 2004. 波斯婆婆纳营养生长特点及其对有性繁殖贡献. 扬州大学学报(农业与生命科学版), 25(3): 70-73, 78.

黄民权. 1999. 聚合草: 一种引入的致癌植物. 植物杂志, (1): 11.

黄颂禹, 徐志康. 1988. 麦田婆婆纳生物学特性与化学防除的研究. 植物保护学报, 15(4): 260, 282.

金效华, 林秦文, 赵宏. 2020. 中国外来入侵植物志 第四卷. 上海: 上海交通大学出版社.

郎小芸. 2011. 武威市外来入侵生物野燕麦及毒麦调查报告. 农业科技与信息, (10): 34.

李康, 郑宝江. 2010. 外来入侵植物牛膝菊的入侵性研究. 山西大同大学学报(自然科学版), 26(2): 69-71.

李岩. 2011. 曼陀罗的引种驯化与园林应用研究. 黑龙江农业科学, (9): 75-76.

李振宇, 解焱. 2002. 中国外来入侵种. 北京: 中国林业出版社.

廉永善, 孙坤. 2005. 甘肃植物志 第二卷. 兰州: 甘肃科学技术出版社.

林慧, 张明莉, 王鹏鹏, 等. 2018. 外来入侵植物意大利苍耳的传粉生态学特性. 生态学报, 38(5): 1810-1816.

林圣韵. 2013. 浅析进境粮谷中苋属杂草种子的检疫监管. 江西农业学报, 25(1): 66-69.

刘芳, 任启飞, 马菁华, 等. 2022. 入侵植物牛膝菊研究进展. 农业与技术, 42(14): 34-37.

刘慧圆, 杨容, 蒋媛媛, 等. 2022. 入侵植物牛膝菊属在中国的分类及分布研究. 北京师范大学学报(自然科学版), 58(2): 216-222.

刘乐乐, 王梅, 徐正茹. 2017. 兰州地区发现一种入侵植物新记录: 牛膝菊. 甘肃农业科技, (3): 49-50.

刘全儒, 张勇, 齐淑艳. 2020. 中国外来入侵植物志 第三卷. 上海: 上海交通大学出版社.

刘向鹏. 2024. 多花黑麦草的防控技术. 河南农业, (3): 53-54.

刘祖昕, 谢光辉. 2012. 菊芋作为能源植物的研究进展. 中国农业大学学报, 17(6): 122-132.

罗红炼, 何振才, 赵鹏涛, 等. 2002. 几种麦田除草剂对婆婆纳的防治效果比较. 陕西农业科学, 48(11): 3-4.

马金双. 2014. 中国外来入侵植物调研报告: 全2册. 北京: 高等教育出版社.

马金双, 李惠茹. 2018. 中国外来入侵植物名录. 北京: 高等教育出版社.

齐淑艳, 昌恩梓, 董晶晶, 等. 2014. 入侵植物牛膝菊与白车轴草的竞争效应. 广东农业科学, 41(1): 141-145.

强胜, 曹学章. 2001. 外来杂草在我国的危害性及其管理对策. 生物多样性, 9(2): 188-195.

任吉君, 王艳, 韩雪梅. 1997. 黄瓜草: 琉璃苣. 植物杂志, (3): 16-17.

任祝三, 阿伯特·利查德. 1992. 欧洲千里光种子休眠与萌发特性的研究. 云南植物研究, 14(1): 80-86.

沈剑明, 张国梁. 1987. 甘肃婆婆纳属植物初步研究. 兰州大学学报, 23(1): 101-108.

宋兴江, 王涛, 李方向, 等. 2023. 外来入侵植物野燕麦和节节麦对西安市小麦生产的危害研究. 中国农学通报, 39(36): 112-118.

宋珍珍, 谭敦炎, 周桂玲. 2012. 入侵植物刺苍耳在新疆的分布及其群落特征. 西北植物学报, 32(7): 1448-1453.

苏建文, 范学均, 黄丽梅, 等. 2008. 洋金花的栽培利用与开发研究. 农业科技与信息, (11): 56-57.

陶俊杰, 李玮, 郭青云. 2014. 野胡萝卜水浸提液对两种禾本科杂草的化感作用. 江西农业大学学报, 36(6): 1270-1274.

万方浩, 刘全儒, 谢明. 2012. 生物入侵: 中国外来入侵植物图鉴. 北京: 科学出版社.

万国栋. 2012. 甘肃省禾本科一新记录种. 甘肃农业大学学报, 47(3): 72-73.

王居仓, 赵云青, 慕小倩, 等. 2011. 曼陀罗种质资源研究进展. 陕西农业科学, 57(1): 82-88, 106.

王瑞, 王印政, 万方浩. 2010. 外来入侵植物一年蓬在中国的时空扩散动态及其潜在分布区预测. 生态学杂志, 29(6): 1068-1074.

王瑞江, 王发国, 曾宪锋. 2020. 中国外来入侵植物志 第二卷. 上海: 上海交通大学出版社.

吴海荣, 强胜. 2008. 外来杂草波斯婆婆纳的化感作用研究. 种子, 27(9): 67-69, 73.

吴海荣, 强胜, 段惠, 等. 2004. 波斯婆婆纳. 杂草科学, 22(4): 46-49.

吴青年. 1975. 介绍一种有前途的高产饲料作物: 友谊草(爱国草). 甘肃畜牧兽医, 5(4): 48-50, 84.

吴嵩, 常德华. 1992. 波斯婆婆纳的无性繁殖. 杂草科学, (4): 42.

肖永康, 何健霄, 隋晓青, 等. 2024. 意大利苍耳入侵对本地植物群落物种多样性和稳定性的影响: 以乌鲁木齐市为例. 生态学报, 44(13): 5717-5725.

谢翠容, 汤林彬, 刘茗枫, 等. 2016. 波斯婆婆纳的繁殖能力及其入侵原因探析. 生态环境学报, 25(5): 795-800.

徐海根, 强胜. 2004. 中国外来入侵物种编目. 北京: 中国环境科学出版社.

徐海根, 强胜. 2018. 中国外来入侵生物. 修订版. 北京: 科学出版社.

徐振华, 苏海霞, 樊燕, 等. 2010. 外来入侵种火炬树的风险性预测. 衡水学院学报, 12(1): 89-91.

徐正浩, 陈再廖, 林云彪, 等. 2011. 浙江入侵生物及防治. 杭州: 浙江大学出版社.

徐志康, 黄颂禹. 1985. 麦田恶性杂草婆婆纳的生物学特性与化学防除试验初报. 江苏杂草科学, 3(2): 19-21.

许桂芳, 刘明久, 晁慧娟. 2007. 入侵植物小蓬草化感作用研究. 西北农业学报, 16(3): 215-218.

许桂芳, 刘明久, 李雨雷. 2008. 紫茉莉入侵特性及其入侵风险评估. 西北植物学报, 28(4): 765-770.

许桂芳, 许明录, 李佳. 2010. 入侵植物斑地锦的生物学特性及其对3 种草坪植物的化感作用. 西北农业学报, 19(8): 202-206.

闫小玲, 寿海洋, 马金双. 2012. 中国外来入侵植物研究现状及存在的问题. 植物分类与资源学报, 34(3): 287-313.

闫小玲, 严靖, 王樟华, 等. 2020. 中国外来入侵植物志 第一卷. 上海: 上海交通大学出版社.

闫雪梅, 刘妤. 2017. 柳叶马鞭草在金昌地区的适应性表现及栽培技术要点. 林业科技通讯, (5): 62-63.

严靖, 唐赛春, 李惠茹, 等. 2020. 中国外来入侵植物志 第五卷. 上海: 上海交通大学出版社.

严靖, 闫小玲, 马金双. 2016. 中国外来入侵植物彩色图鉴. 上海: 上海科学技术出版社.

杨博, 央金卓嘎, 潘晓云, 等. 2010. 中国外来陆生草本植物: 多样性和生态学特性. 生物多样性, 18(6): 660-666.

杨淑性, 白宗仁. 1979. 聚合草开花结实生物学特征的研究. 西北农学院学报, (1): 97-101.

张川红, 郑勇奇, 刘宁, 等. 2008. 刺槐对乡土植被的入侵与影响. 北京林业大学学报, 30(3): 18-23.

张吉昌, 杨玉梅, 张勇, 等. 2015. 毒麦生长习性观察及防除技术探讨. 陕西农业科学, 61(6): 43-44.

张军林, 张蓉, 慕小倩, 等. 2006. 婆婆纳化感机理研究初报. 中国农学通报, 22(11): 151-153.

张晓玲. 2011. 菊芋的特征特性及栽培技术研究. 安徽农学通报(下半月刊), 17(12): 111-112.

张益民. 2010. 紫茉莉入侵机制的研究进展. 安徽农业科学, 38(12): 6169-6170.

张勇, 刘贤德, 李鹏, 等. 2001. 甘肃河西地区维管植物检索表. 兰州: 兰州大学出版社.

赵威, 王艳杰, 李琳, 等. 2017. 野燕麦繁殖和抗逆特性及其对小麦的他感效应研究. 中国生态农业学报, 25(11): 1684-1692.

郑卉, 何兴金. 2011. 苋属4 种外来有害杂草在中国的适生区预测. 植物保护, 37(2): 81-86, 102.

钟林光, 王朝晖. 2010. 外来物种婆婆纳生物学特性及危害的研究. 安徽农业科学, 38(19): 10113-10115.

朱强, 曾继娟, 白永强. 2021. 2 种苍耳属入侵植物在宁夏的分布. 杂草学报, 39(3): 28-34.

Costea M, Tardif F J. 2003. The biology of Canadian weeds. 126. *Amaranthus albus* L., *A. blitoides* S. Watson and *A. blitum* L. Canadian Journal of Plant Science, 83(4): 1039-1066.

The Angiosperm Phylogeny Group. 2016. An update of the Angiosperm Phylogeny Group classification for the orders and families of flowering plants: APG Ⅳ. Botanical Journal of the Linnean Society, 181(1): 1-20.

# 》 中文名索引

# 》 拉丁名索引